越境する
資源環境問題

唐沢 敬……編著

日本経済評論社

はしがき

　旧ソ連・東欧社会主義体制の崩壊と中国・ベトナムの市場経済への移行により 20 数億という巨大な人口を抱える新しい市場が資本主義世界経済に編入され，世界単一市場化が実現したのは 1989～90 年のことであった．その後約 10 年，グローバル化，市場経済化，情報化，規制緩和，自由化といった事態が大規模に進行する中，世界経済は構造的な変化を余儀なくされてきた．変化の第一は貿易・投資の拡大とそのグローバル化であり，第二はモノの交換に伴う金融から資金移動中心の金融への移行に代表される通貨・金融面における変化，そして，第三が情報通信革命と情報化の加速度的な進行であった．

　グローバリゼーションをめぐってこれまで国際的，国内的に幅広い議論が組織され，数多くの論文や提言が公にされてきたが，今日なお確立された定義はなく，方向性や内容についても不確実なままである．しかし，実態的には，規制緩和や自由化を軸に「競争」と「効率化」が地球規模で促され，成長と経済・社会の活性化が先進工業諸国や新興経済諸国を中心に幅広く試みられてきた．これまでの経過に見るかぎり，グローバル化，市場経済化，情報化等の流れは予想以上に速くかつ大規模なようである．同時に，これがアジア通貨金融危機に代表されるような「負」の側面も伴いながら，所得や資源配分における不平等性や不公正を大規模に顕在化させ，貧困問題も最終的に解決できないことなど，期待とは裏腹の実態も明らかにされてきた．

　それ以上に，今日，もっとも懸念が寄せられるのは，グローバル化する世界経済や市場経済化，情報化の深層で進行するエネルギー・食料・地球環境問題の先鋭化である．過去 10 年間，グローバリゼーション，市場経済化，情報化の世界的進行の下で，石油，石炭，天然ガス等エネルギー需要の急増

とそれに伴う需給構造の不安定化，大気汚染や河川の汚濁・土地の劣化等が大規模に進行し，他方，食料生産と市場の不安定化も一段と進んだ．経済社会のグローバル化や市場経済化，情報化の進展に伴うエネルギー・食料・地球環境問題の先鋭化は，途上国を中心とする人口爆発等諸問題とも複雑に絡んで，今日，地球的規模の対策と解決を要する「地球的問題群」と呼ばれている．

最大の問題とされているのは，これら諸問題が年々深刻さを増すと同時に，それらが個々ばらばらには存在せず，グローバル化や市場経済化の進展に伴って相互に絡み合い，相乗し合って矛盾を深めている点である．たとえば，先にアジアからロシア・中南米に拡大した新興経済危機は，当初，通貨金融危機としてスタートしていながら，その後「石油」がこれを先導し，農産物等他の一次産品問題とも結びつき，激しい価格変動を誘発しながら世界的な金融不安・経済危機に発展した．

本書は，筆者が研究代表者を務めた立命館大学国際地域研究所の共同研究プロジェクト「21世紀の世界経済と国際関係：エネルギー・食糧・環境・人口問題の総合的研究」（1997～99年）の成果を基礎に，過去10年間の世界経済の構造変化，グローバリゼーション，市場経済化，情報化の進行とその下でエネルギー・食料・地球環境問題が先鋭化する実態を相互連関性と相乗性において捉え，世界経済の発展と資源環境問題の新しい関係を模索することを意図したものである．

執筆者は上記研究プロジェクトに参加または協力してきた，世界経済やエネルギー，食料，環境問題研究の第一線で活躍する専門家であるが，新しいパラダイムと構想力をもとに，次の時代への提言を含めて執筆に当っていただいた．長年にわたる研究蓄積と共同研究の成果を生かすべく努力したが，何分にも問題が余りにも壮大であり，また，分析対象も個々の学問領域では捉えきれない学際領域にまたがっていたため，課題を次の機会に残す部分も多かった．構成と記述においては，出来る限り簡潔で平易な表現を用いるよう努めたつもりである．学生，ビジネスマンから専門家にまたがる社会各層

の方々による一読を心よりお願いしたい．こうした期待を込めて，本書のタイトルは，「越境する資源環境問題」としたが，これは「国境を越える」という意味と「領域を越え，ますます学際化する」という二つの意味を含意している．

　本書の刊行に際しては，日本経済評論社・栗原哲也社長，編集担当・奥田のぞみ氏に特段のご協力とご配慮をいただいた．記して心よりの謝意を申し上げたい．

　　　2002年6月

　　　　　　　　　　　　　　　　　　　　　　　　　　　　唐沢　敬

目　次

はしがき

第Ⅰ部　世界経済の構造変化と地球的問題群

第1章　グローバル経済化と地球的問題群 ························唐沢　敬　3
　　　―金融・資源・環境が絡む危機の構造―
　　はじめに　3
　　　1．グローバル経済化と新興経済危機　5
　　　2．「金融」と「資源」が絡む危機の構造　14
　　　3．グローバル経済化とエネルギー・食料・環境問題　18

第2章　世界経済の構造変化に取り残される産油国 ······岩﨑徹也　27
　　はじめに　27
　　　1．石油危機の時代　28
　　　2．世界経済の構造変化　33
　　　3．世界経済の構造変化と石油市場　37
　　　4．負け組の産油国　44

第Ⅱ部　「環境の世紀」のエネルギー問題

第3章　日本の石油戦略 ··山田健治　53
　　はじめに　53
　　　1．石油戦略とは　55
　　　2．日本のエネルギー状況　58
　　　3．石油と環境問題　59
　　　4．日本の石油戦略目標　60

5．エネルギー・環境・食料の相互関係　66
　　6．世界に貢献する日本の石油戦略　68
　　おわりに　72

第4章　欧州の「脱石油」政策に何を学ぶ………………則長　満　74
　　はじめに　74
　　1．欧州は「脱石油」をどのように進めているか？　75
　　2．日本は現在「脱石油」をどのように進めているのか？　82
　　3．日本が取るべき「脱石油」政策とは？　86
　　おわりに　91

第5章　中国の市場経済化とエネルギー構造転換…………張　文青　94
　　1．中国の経済改革とエネルギー消費構造の多様化　94
　　2．エネルギー開発と供給源の多角化　105
　　3．エネルギー開発利用の日中協力と政策展望　112
　　おわりに　115

第Ⅲ部　グローバル化のなかの食料・農業問題

第6章　国際的視点から見た食料問題………………………小山　修　121
　　1．食料不安の顕在化　121
　　2．国際食料需給の現状と見通し　126
　　3．有限な食料生産資源　132
　　4．地球環境問題と食料問題　136
　　5．持続的食料生産への課題　140

第7章　食の多様性と農業の展開方向………………………丸岡律子　146
　　はじめに　146
　　1．食の変化——需要サイドの構造　146
　　2．農の変化——供給サイドの構造　151

3．食料自給率低下——需要と供給のギャップ　157

  4．農業と環境——結びにかえて　163

第8章　穀物輸出と国家貿易企業 ……………………………… 松原豊彦　165
　　　　－カナダとオーストラリア－

  1．課題と視点　165

  2．1970年代後半以降の穀物貿易　167

  3．カナダの穀物輸出産業とCWB改革　170

  4．オーストラリアの穀物輸出産業とAWB民営化　177

  結　び　181

第Ⅳ部　成長・環境・文化

第9章　経済発展と環境問題 ……………………………………… 及川正博　187

  はじめに　187

  1．「経済成長」信仰の代価　189

  2．環境破壊と汚染のグローバル化　193

  3．持続可能な経済成長と環境保全　197

  4．環境保全とエネルギー対策　200

第10章　持続可能な発展のための教育 ……… デビット・ピーティー　208
　　　　－その起源，理念および現状－

  はじめに　208

  1．環境教育　209

  2．開発教育　212

  3．持続可能な発展のための教育　215

  4．日本の状況　222

第11章　気候変動防止のための国際制度の形成 ………… 大島堅一　228

  はじめに　228

  1．気候変動問題をめぐる国際交渉の時期区分　229

2．気候変動交渉の開始から COP3 へ 229
3．COP3 から COP6 まで 232
4．COP6 再開会合 236
5．ボン合意の概要 239
6．途上国への資金供与メカニズム 240
7．京都メカニズムに関する争点 244
8．COP7 とマラケシュ・アコード 245
まとめ 250

第Ⅰ部

世界経済の構造変化と地球的問題群

第1章
グローバル経済化と地球的問題群
―金融・資源・環境が絡む危機の構造―

唐沢　敬

はじめに

　世界経済が先進工業諸国の重化学工業化を軸に生産力を拡大し，未曾有の繁栄を謳歌したのは戦後の高度成長期においてであった．しかし，70年代世界を襲った国際通貨危機と石油危機はこうした先進工業諸国の繁栄と生産拡大を終息させ，世界経済の流れを劇的に変化させた．これを機に，世界経済はそれまでの「高度成長の時代」から不均衡と格差拡大の際立つ「低成長の時代」へと大規模な転換を余儀なくされたのである．その意味で，これら二つの危機は戦後世界経済の流れを二分する歴史的事件として記録された．しかし，筆者は，これらの出来事は戦後世界の経済発展および人間と自然との基本関係の双方に同時に問題を提起したという意味で"歴史的"であったと考えている．

　国際通貨危機はドルへの信認の低下と米国経済の地盤沈下を歴史的背景として発生したが，金・ドル交換停止と変動相場制移行による国際通貨体制の動揺が貿易取引や資本移動に混乱を引き起こし，世界経済をかつてなく不安定な状況に追い込んだ．これに追い打ちをかけたのが石油危機である．石油危機は第4次中東戦争を契機にアラブ産油国が発動した「石油戦略」をきっかけに発生した．その結果，石油価格は4倍に高騰，さらに，物価の急騰，インフレ高進，企業業績の落ち込みといった事態が相次ぎ，世界経済は，文字通り，不況とインフレの同居するスタグフレーションという異常な状況

に陥った．

　しかし，当時，筆者がもっとも注目したのは，石油危機を契機として浮かび上がった「石油」と「ドル」の結合問題であった．石油危機発生を契機に米国が「石油」と「ドル」の結合を政策的に追求した結果，「石油」と「ドル」は世界経済の深層において絡み合い，その後の世界経済運営に絶大な影響を与えるようになった．80年代，世界経済は「プラザ合意」による通貨の調整と石油価格の崩落という状況を受けて大規模な再編→長期拡大の過程に移行したが，この過程で「石油」（資源）と「ドル」（金融）は結合関係をさらに複雑化させ，世界経済の危機と繁栄を演出するようになった．

　冷戦の終焉は世界経済に衝撃的変化を与えたが，これに伴い，金融（ドル）と資源（石油）の結合関係も変わった．旧ソ連・東欧から大量の労働力が世界市場に流入，他方，中国とベトナムが市場経済化を加速させたことから，総人口20数億の巨大な空間が資本主義世界経済の新しいフロンティアとして登場したからである．今日，世界的規模で進行しているグローバリゼーション，市場経済化，情報化はこうした事態を歴史的背景としており，世界経済と市場の構造的変化を物語っている．グローバリゼーションについて確立された定義はないが，市場機能を通じた民間活力の発揮，国家主権を超越した経済統合，情報化等を基礎に経済と社会を活性化させ，諸国民に富と繁栄を保証するものと説明されている．

　しかし，グローバリゼーションが競争と効率化を軸に商機と市場を拡大し，富と繁栄をもたらすとしても，これがすべての国に当てはまるとは限らない．アジア通貨金融危機の時に見られた「市場の暴走」や貧困，飢餓，不均衡・格差拡大といった「負の効用」もあり，さらに，「21世紀の地球的問題群」といわれるエネルギー・食料・環境・人口問題がこれに重なり，長期的視点で成長と発展のメカニズムを機能不全に陥らせる危険性も含んでいるからである．

　グローバリゼーション，市場経済化，情報化の世界的進行の下で，今日，「金融」と「資源」は，「環境」をも広範に取り込みながら，相互に絡み合い，

相乗し合って世界経済の持続的発展を規制しつつある.

1. グローバル経済化と新興経済危機

(1) グローバル経済の「危機」と「繁栄」

「石油」と「ドル」の結合が初めて政策的に打ち出されたのは,第1次石油危機直後,米国が「石油とドルの結合体制」の構築を対外経済政策の柱に据えだした時である.「石油とドルの結合体制」とは,ドルを襲った信認の低下(ドル危機)が資本主義体制と米国経済の地盤沈下を引き起こし,国際経済体制に深刻な動揺をもたらしたという歴史的状況を踏まえ,当時のニクソン米政権が最大の石油輸出国サウジアラビア(以下,サウジと略称)との「特別な関係」を軸に作り上げた「ドルと石油のバーター」による経済安全保障体制をいう.具体的には,石油取引における「ドル建て・ドル払い」制度の確立,サウジに貯まるドル資金の半ば強制的ともいえる対米投資の実施,米国による対サウジ軍事援助の本格的開始,石油価格引き上げに対する軍事的圧力不行使の約束,OPEC(石油輸出国機構)の対米投資残高に関する一切の資料公開の差し止め等を主な内容としていた[1].

石油危機とそれに続くスタグフレーションへの対応について,米国は自国経済の再生とドルの強化を念頭にこうした政策を実行に移したが,その下で「石油」は「ドル」に密接に結びつけられていった.石油危機発生2年後の1975年には,石油取引における「ドル建て・ドル払い」制度が確立し,日本や欧州諸国の通貨は世界の石油ビジネスから基本的に遠ざけられた.この「ドルと石油の結合」による新たなドル体制の下でいくつかの重要な変化が起こった.その1つは,石油価格高騰後,それ以前のドル切り下げも手伝って,一時的ではあったが,ドルが相当程度強化されたことである.他方,石油輸入の増大とともに,米国の経常収支は大幅な赤字に転落,その後に続くドル安の重要な要素となった.

第2に,米銀を中心とする国際的規模での大量の資金貸し出しがあり,

その結果として大規模な国際流動性の創出があった．当時，これは石油支払いの増大と不況によって生じた世界的な国際収支の不均衡を是正するための「資金の還流」，つまり，産油国に蓄積された黒字を赤字国に提供することが目的と説明されたが，国際流動性の規模や機能，役割等については詳らかにされなかった．

世界経済が石油危機の後遺症であるスタグフレーションから脱け出し，かつての活力を取り戻すようになったのは80年代に入ってからのことである．まず，1983年に米国経済が再生への手がかりを掴み，続いて欧州経済が1985年に長いトンネルを脱出，日本経済も1985～86年に活力を取り戻した．いずれも，旺盛な設備投資と住宅投資，個人消費の伸びによる景気の回復であった．しかし，その根底には，1985年の「プラザ合意」による通貨調整と世界的な資本移動，石油価格の崩落，新興経済・市場の育成とそのグローバル経済への包摂といった状況があり，これが世界経済の再生を助けた．

1985年には，また，サウジが「価格よりシェア重視」へと石油戦略を転換し，その結果，世界の石油価格が石油危機時には想像もつかなかった1バレル＝10ドル以下という驚くべき水準にまで低下した．"崩落"ともいうべき状況であったが，皮肉にも，この石油低価格が先進国経済の危機脱出を助け，その後の長期拡大に貢献した．これまであまり認識されてこなかったが，戦後世界経済の高度成長にはこの石油の「低価格・安定供給構造」が深くかかわっていた．70年代の石油危機，1989～90年の湾岸戦争，2000年3～5月と9月に発生したファンド投機による原油高騰などを除けば，過去30年間，世界の石油価格は1バレル＝10～20ドルという比較的低水準で推移してきた．とくに，注目されるのは，経済成長の速度と程度に合わせて石油価格が常に一定の水準に維持されてきたことで，統計によると，高度経済成長の時ほど石油価格は低位で推移している．

さらに，1985年には，先進5カ国の蔵相・経済相・国立銀行総裁による「プラザ合意」で通貨の調整と世界的な資本移動が可能となり，また，新興市場育成の枠組みも整い，世界経済は再編と長期拡大に向け重要な一歩を踏

み出した．通貨の調整とは，当時，異常なまでに高騰していたドルのソフトランディング（軟着陸）と円高誘導を基本に実施されたものであったが，これは単なる通貨調整にとどまらず，世界的な資本移動と途上国経済を大規模に巻き込んだ市場統合と再編の過程を推進する効果を生んだ．これがダイナミックな新興経済発展を可能にし，巨額の資金を新興市場に流し込み，より拡大された規模での貿易投資市場を実現させたのである．

新興経済とは，膨大な人口を抱え活発な経済活動を展開している潜在力豊かな発展途上経済を指し，先進国企業や銀行の投融資市場，また，貿易パートナーとして注目される経済（国）のことである．米商務省の資料によれば，アジアでは，韓国，台湾，シンガポール等の新興工業経済地域（NIEs），ASEAN 4（タイ，インドネシア，マレーシア，フィリピン），中国，香港にインドが加わり，中南米ではメキシコ，ブラジル，アルゼンチンが，欧州ではポーランドとトルコが，また，アフリカでは南ア共和国がこの範疇に入る[2]．

アジアの新興経済諸国が輸入代替工業化から輸出指向型工業化へと開発戦略を転換させ，高成長への礎を築いたのは 70～80 年代であった．韓国，台湾，シンガポールは日本をモデルにかなり早い時期から資本，技術，労働を有機的に結びつけ，労働集約型から技術集約型へと産業構造の転換を図ってきた．貿易の面では，かつては農作物や繊維製品などの輸出と各種工業製品・部品，技術などの輸入という特徴をもった対日依存性の強い工業化であったが，比較的短期間に資本蓄積を果たし，繊維品や半導体，家電製品など工業製品の輸出などで競争力を高めた．

ASEAN 諸国も 80 年代に日本との関係を軸に経済成長への基礎を築き，輸出競争力を高めた．これら諸国は戦後長期にわたり対日・対 NIEs 製造業関連貿易で赤字を出してきたが，80 年代以降労働集約型製品輸出で貿易輸出を均衡させ，さらにこれを黒字化させることに成功した．とくに，タイとマレーシアは韓国，台湾に次ぐ成長段階にあり，半導体などハイテク産業を中心に技術・集約型産業構造に転換することに努めた．

アジア経済が急速な成長を達成できたのは，こうした 80 年代以降の産業

構造と経済活動における大規模な転換があったからである．世界銀行は，1994年に公表した政策研究報告「東アジアの奇跡」の中で，アジアの経済成長を「公平な分配を伴った成長」と称えたが，アジア経済の急成長はこうした努力の結果として実現したものである[3]．

(2) 世界経済のグローバル化

今日，世界経済はグローバリゼーション，市場経済化，情報化の大規模な進行により大きな機会と挑戦の時代を迎えている．転機となったのは，いうまでもなく，ソ連崩壊による冷戦の終焉である．これにより巨大な人口・資源を抱える旧ソ連東欧経済圏が資本主義世界経済に包摂され，さらに，中国とベトナムが市場経済化を加速させ，グローバル経済化を助けた．これを境に，市場経済化，グローバル化，規制緩和・自由化等が地球的規模で進行するようになり，世界経済は，文字通り，構造的な変化を遂げるに至った．

構造的変化の第1は，経済，とくに，貿易・投資の拡大とそのグローバル化である．世界貿易は製品取引とサービス取引の比重が飛躍的に高まり，取引形態も国家間取引から産業内・企業内取引へと重点が移動した．これは世界貿易が資源・原材料取引よりも製品・サービス取引を重視する方向に動き出したことを意味し，貿易取引における高付加価値化が急速に進んだことを物語るものであった．また，世界貿易に占める新興経済諸国の比重も増大し，とくに，アジア諸国の比重が高まった．

投資では，直接投資が飛躍的に強化され，とりわけ，新興経済に対する直接投資が増え，経営ノウハウや技術の国際的移転が進んだ．アジアでは，先進諸国だけでなく，台湾，香港，シンガポールなどNIEs諸国からの投資も増え，域内経済の拡大と成長を支えた．また，こうした直接投資の増大に伴って国際分業体制にも変化が現れた．それは，産業構造，輸出構造，直接投資構造などをめぐる変化であると同時に，日本と他のアジア諸国との経済関係に現れた変化でもあった．

第2の変化は通貨と金融に現れた変化で，これまでのモノの交換に伴う

金融から経常収支の不均衡を是正するための資金移動中心の金融へと形態が大きく変わった．具体的には，①金融・資本市場の地球的拡大，②各国金融機関の国際的展開と海外拠点の拡充，③国際金融市場とセンターの発達などである．これにより企業や個人が国際活動で多くの便益を得られるようになった．反面，取引自体はますます不安定化するというジレンマに陥ったことも付記しておく必要がある．

第3に，情報通信革命と情報化の加速度的な進行を指摘しなければならない．情報通信機器とシステムの驚異的な発達がこれを可能にしたのであるが，米国主導による世界経済のグローバル化と一体化されながら進展してきたところにその特徴がある．これは，生産性の向上，新産業の創出，エレクトロニクス産業と市場の拡大といった形で世界経済と各国の社会経済に大きな影響を与え，国民の意識や文化まで変化させた．

グローバリゼーションについてまだ確立された定義はないが，I. ウォーラスティンはこれを世界システムの問題と捉え，J. ロセナウ，R. ギルピン，D. ヘルドらは国際政治の視点からこれを分析している．さらに，R. ロバートソン，A. アッパジュライ，M. アルブロウ，S. ラッシュといった人々は伝統的文化論の立場からこれを論じている[4]．また，J. グレイは，経済のグローバル化が米国型自由市場を地球規模に拡大することはあっても，グローバルなレッセフェール体制を強化することはないと断言している[5]．1992年の国連環境開発会議以後，グローバリゼーションと地球環境問題が同次元で語られる機会が多くなったことも指摘しておいてよいに違いない．

しかし，世界経済の構造的変化との関係でもっとも重視されるのは，市場のもつ資源配分能力とその機能に過大な期待を寄せ，競争と効率化により世界経済と市場の活性化を図ろうとする考え方が力を増していることである．それによれば，世界経済はプロセスとしてのグローバリゼーションから経済の一体化が常態化するグローバリティへの枠組みの転換がすでに起きており，これは押し止めることのできない流れだという．市場機能を通じた民間活力の発揮，国家主権を超越した経済統合，情報通信技術の革命的発達による情

報化の進展等がこれを基本的に支え，この下で新たな可能性と豊かさが保証されるともいわれている．わが国では，通産省産業構造審議会21世紀世界経済委員会が，1997年に出した報告書の中で，グローバリゼーションとは「さまざまな経済主体の効率性の追求が全地球的規模で行われるようになること」で，21世紀にはこれが世界経済の基本的潮流となる，したがって，日本はこの動きに積極的に対応し，経済社会改革の契機としなくてはならないと訴えている[6]．

しかし，競争と効率化を軸に成長を実現し，これにより富や豊かさがもたらされるとしても，世界経済の整合性ある発展と環境との共生の下でこの成長を実現するのは至難である．

(3) アジア経済の危機と再生

アジア経済は，とくに，80年代以降，予想を超える速さで成長を遂げてきたが，1997年のタイ通貨危機に端を発した大規模な通貨金融危機の発生で拡大路線は挫折，急激な減速に追い込まれた．タイは「プラザ合意」後の世界的な資本移動にもっとも敏感に反応し，金融自由化を積極的に推進した国であるが，1983年にバンコク・オフショア市場が開設され，海外から巨額の資金が殺到するようになると，証券会社の設立も自由になり，国民の好貯蓄も手伝ってタイ経済は空前の株式ブームに沸いた．しかし，その後，ドルにリンクした通貨バーツの減価が始まると，タイ製品は急速に国際競争力を失い，貿易不振が同国の外貨収入を激減させ，国家財政を破綻に追いやった．その結果，流入した外資，とくに短期資金の撤退が相次ぎ，タイ経済は急速に活力を失い，減速した．巨額の財政赤字，不動産投機，不健全な銀行経営，政治腐敗などが重なった複合危機の到来であった[7]．

韓国経済も対ドル・ペッグ制による通貨ウォンの減価が始まり，1997年12月の変動相場制への移行を境に成長がストップした．それ以後は輸出の激減，貿易収支赤字，財閥系企業の経営破綻，融資の不良債権化という状況が大規模に進んだ．このような状況の下で，韓国の銀行は欧米系銀行から短

期の資金融資を受けたが，これが投機資金の暗躍につながった．同国の金融機関は，また，財閥系企業の経営危機に伴う赤字補填の意味も含めて海外，とくにアジア諸国の国債市場に投資を試みたが，成果が上らず，逆に，150億ドルにまで増大した借入金の返済に追われ，海外資産の売却やウォンのドルへの交換といった惨憺たる状態に追い込まれた．

国情や経済の発展段階により程度の差はあったが，他のアジア諸国も状況は同じであった．インドネシアでは急激なルピア安が企業の対外債務負担を倍加させ，総額 1,100 億ドルの対外債務残高が大量のルピア売りの引き金になった．このルピアの下落と公共料金の引き上げが経済と国民生活を直撃し，社会不安を増幅させ，スハルト政権崩壊につながる大規模な政治危機に発展した．

アジア経済を直撃したこうした危機は，直接的には，当該諸国政府の対応の遅れや政策の失敗に IMF 等の判断ミスが重なって生まれたものであったが，本質的には，グローバルな性格をもった危機，先進国経済と国際金融システム，さらに，80 年代央以来の世界経済の構造変化とグローバル化，IT 革命といった事態が深くかかわった危機であった[8]．

幸い，この危機は規模の巨大さにもかかわらず，発生以来 2 年弱という比較的短い間に底を打ち，その後急速な回復過程に入った．危機の被害がもっとも深刻だった韓国，タイ，インドネシアを中心に域内各国で国内総生産 (GDP) が大幅に増大し，鉱工業生産や農業生産もともに顕著な伸びを記録した．中国や香港では懸念されたインフレの高進もなく，物価上昇率は逆に低下したし，韓国では雇用情勢が好転した．貿易も，とくに，韓国や台湾で米国向け半導体輸出などが伸張し，各国の経常収支や外貨準備の改善に役立った．

アジア経済の回復は IMF など国際金融機関や日本からの金融支援，公共事業等による政府の景気対策，通貨安をテコにした輸出主導の政策展開が功を奏した結果であった．域内諸国の施策との関係では，①電子・電気製品を中心とした輸出の伸び，②在庫調整の終了，③個人消費の伸びなどが果たし

た役割がとくに大きかった[9]．たとえば，これら諸国の公的文書では，経済回復の第1の理由として輸出の増加が指摘されており，具体的には，世界，とくに，米国におけるIT関連機器の需要増に始まるハイテク・ブームと東アジア域内貿易の回復および対米輸出の拡大がこれにかかわっていた．情報関連機器の需要増は米国のハイテク景気がその中心にあったが，その動きには目をみはるものがあった．

しかし，経済回復に関するこうした事実はあるにせよ，アジア経済の回復が不良債権問題の解決や金融システムの改革など，長期的視点に立った経済構造改革の結果実現したものでないことは明らかであった．どの国も雇用機会の確保や産業構造の転換などはまだこれからという状況にあったし，企業の設備投資等も本格的なものとはなっていなかった．

(4) 新興経済危機と過剰マネー

アジアに始まった新興経済危機は単なる金融システムの問題に限定されるものでなく，これら諸国の社会経済制度やその構造，開発・金融政策をめぐる諸問題，また，世界経済や先進国の金融問題等に深くかかわった危機であった．この危機は，構図的には日本や欧州諸国が米国に預け入れた巨額の資金が「米国銀行」を通じて顕著な成長を続けるアジア諸国やロシア・中南米の新興経済諸国に大量に貸し出され，これが焦げついたことから発生したものであった．その背景には，米国の「借金経済」と極端に肥大した過剰マネーの問題があり，これに伴う世界的なマネーフローの変調があった．日本や欧州諸国を中心に米国以外から米国に流れ込んだ資金は，米国の高金利政策や貿易摩擦の激化等に刺激され，90年代に入り加速度的に肥大化した．その額は，証券投資（株式・債券）だけでも，1992年の1,000億ドルから1996年には4,000億ドルという巨額に上り，97年には，さらに3,400億ドルが新たに流れ込んだとされる．

これらの資金は，より高い利回りを求めて債券から株式，先物商品（原油）へと形を変え，さらに，先進国市場から新興経済市場へと投資先を次々と移

し変えた．この流れに巧く乗り，巨額の資金を動かしたのが米系ヘッジファンドである．

第2に，先進国経済と世界の金融市場・金融システムが深くかかわったこの危機は，デフレや通貨の切り下げ，貿易不振等が複雑に絡んだ世界的な危機へと変化し，世界金融恐慌を彷彿とさせる状況を作り出した．世界的に強まるデフレ傾向や一部諸国での通貨切り下げ競争を前に，専門家や政策担当者の間では1930年代の世界金融恐慌再来への懸念が急速に高まった．ただ，当時とは時代も背景も異なっており，何よりも，肝心の米国経済が活況を維持していたこと，グローバル経済化や情報化が世界経済の態様を根本的に変えてしまっていたこと等が事態のそれ以上の悪化を防いだ．しかし，巨額の債務や流入資金に支えられた米国経済の好況は，潜在的な株高が収益の拡大を生み，そのうえで投資や消費を促進するといった不安定なバブル構造からなっており，国際金融市場の変動にきわめて脆弱な体質であった．

第3に，90年代のバブル経済の下で膨れ上がったマネーが，デリバティブ（金融派生商品）など高度に発達した金融技術や情報機器を使って，新興経済とその市場に次々と攻勢をかけていたことが指摘される．これら諸国は，経済開発における外資依存や経済の一次産品依存の著しい，金融システムの未発達な国々で，経済金融制度の改革も進まず，政治基盤も弱く，さらに，バブルの発生で経済危機に陥るか，陥りやすい状況にあった．アジア危機では，ドルに事実上連動し，実力以上に割高になったタイや韓国などアジア諸国の通貨が狙われた．

また，ロシア危機では，アジア通貨金融危機の煽りを受けて世界の原油需要が低迷，価格も下落した．これが石油収入に国家財政の40％を依存するロシアの財政赤字を拡大させるとともに，債券やルーブル相場下落の引き金となった．さらに，ブラジル危機では，通貨レアルを変動相場制に追い込んだだけでなく，他の中南米諸国，たとえば，メキシコやアルゼンチンの株価を急落させ，金融・資本市場を混乱に陥れた．

2. 「金融」と「資源」が絡む危機の構造

(1) 新興経済危機にみる「金融」と「資源」の相乗

　経過の示す通り，新興経済危機は通貨金融面に現れた危機から始まった．タイ・バーツの下落を契機にアジア諸国の通貨が減価し，その後香港ドルへの売り圧力，韓国ウォンの減価という形で東アジア全域に広がった．これが外国人投資家の間にドル建て債務返済への懸念や国内における金融不安をかき立て，短期外資の海外逃避を引き起こし，一連の諸国での成長の減速につながった．ASEAN諸国通貨がこの時なぜ減価したか，この問題をめぐって当時政策当局や専門家の間でさまざまな議論があった．経済企画庁（当時）がまとめた調査報告書によると，アジア通貨金融危機を引き起こした原因は次の諸点にあった．つまり，①自国通貨の対ドル・レートの維持に伴う通貨の過大評価，②通貨の過大評価に伴う経常収支赤字の拡大，③国内の高金利およびドルにリンクした為替レートにより資本が流入し，経常収支の赤字がもたらされた，④流入資本が不動産投資など必ずしも生産的でない資金用途に使われたことによる金融不安および株価の低迷による資本流出など[10]．

　アジアからロシア・中南米へと拡大した新興経済危機の伝播の過程，また，経済回復に至った過程を分析すると，原油や農産物など一次産品需要の急激な増減と価格の乱高下とともに，金融の投機的動きが石油と資源に集中している様子が鮮明に浮かび上がってくる．石油価格と他の一次産品価格が連動する構図は70年代石油危機の時にすでに確認されていたが，その基礎にあったのは米国主導の「ドルと石油の結合体制」であった[11]．今回の新興経済危機でも，状況は異なっていたが，より複雑化した形での「金融」と「資源」の結合，石油と農産物等との価格の連動があった．

　既述のごとく，冷戦後，グローバリゼーション，市場経済化，情報化の本格的展開によって世界経済と市場は構造的な変化を遂げたが，「石油」（資源）は「金融」と絡み合いながら市場を拡大・多様化させ，グローバル経済にお

ける位置と役割を変化させた．今日，石油は貴重なエネルギー源であると同時に，金融商品化され，極度にソフィスティケートされた存在として，グローバル化への有力な手段，金融投機の対象となっている．グローバル化された経済と市場の下では「金融」の果たす役割が予想以上に大きい．たとえば，石油価格や国際商品価格は現物市場だけでなく，金融市場の動向からも強い影響を受ける．これら商品の供給自身が供給する側の影響を強く受ける一方で，需要は経済成長の規模や速度，税制，産業設備などに大きく左右される．また，債券相場や株価の動向によっても変化させられる．現物市場と金融市場の双方が重視される所以であるが，とくに，これら商品の価格が大きく変動するときには，ファンドなど投機筋の動きで金融市場の動きが速くなる．

アジア通貨金融危機に際しては世界の石油価格が下落したが，これに続いて国際商品価格も下落した．原油価格はニューヨーク市場とロンドン市場の指標油種で1バレル10～11ドルと12年ぶりの安値を更新，世界的な需要の低迷で危機発生3カ月後には1バレル5ドル（下落幅40％）にまで下落した．農産物も経済危機に見舞われた中南米諸国からの輸出増を見込んで歴史的な安値に下げた．原油や農産物，貴金属など主要17品目の価格動向を示す総合指数であるCRB先物指数は，1999年2月に184.33と，1975年7月以来24年ぶりの低水準にまで下落した．同指数は，1997年5月までは250台で推移していたが，アジア経済危機発生を契機に下げに転じ，翌98年以降はロシアや中南米諸国で経済危機が発生するたびに下落し，同年12月には21年ぶりにつけた水準をも下回った．

ロシア危機では，アジア通貨金融危機の影響と石油・ガス価格の下落という二つの外的要因を受けて株式・債券相場が急落し，同国経済は悲惨な状態に陥った．ロシア政府と中央銀行は公定歩合を一気に100％引き上げ，徴税強化，歳出削減，民営化による歳入増等緊急経済対策を打ち出したが，成果を上げることはできなかった．ロシアはこれまで相次ぐ政治不安と深刻な経済混乱に悩まされてきたが，アジア通貨金融危機が発生した1997年，国内総生産（GDP）が前年比0.4％と初めてプラスに転じ，有力な新興市場にの

し上がった．国際決済銀行（BIS）の資料にみる先進8カ国（ドイツ，米国，フランス，イタリア，オーストリア，オランダ，日本，英国，1997年末）の対ロ銀行融資残高は総額565.1億ドルに達したが，この巨額融資を可能にしたのは石油，天然ガス，非鉄金属，農産物等豊富な天然資源と危機時における「担保」としての核兵器の存在であった．

　新興経済危機による世界的な石油価格の下落は中南米諸国経済にも打撃を与えた．とくに，国家歳入の70％を石油輸出に頼るベネズエラ経済の受けた打撃は深刻で，これを契機に同国経済は大幅に減速した．メキシコも原油価格の低迷から数次にわたり財政削減に追い込まれ，経済活動が著しく鈍化した．チリとペルーは産油国ではないが，主要輸出品である銅の輸出と銅相場の低迷で経済が大きく落ち込んだ．

　一次産品輸出と価格の低迷は，こうして中南米諸国の経済に打撃を与えたが，各国通貨に対する信頼性の欠如から国際資金の引き上げが加速し，各国の株価や通貨が軒並み急落するという悲劇も生まれた．1998年8月，メキシコでは経済の先行き不安から大量の資金が国外に流出，ベネズエラ，コロンビア，アルゼンチン，ブラジルの通貨も下落し，資金の国外逃避が本格化した．

(2) 肥大化する投機マネーと原油市場

　「金融」と「石油」が絡むグローバル経済の実態を描き出したもう1つの例は，2000年3月と5月に発生した原油価格の異常な高騰である．原油価格はアジア通貨金融危機の影響で一時暴落したが，1999年2月を境に上昇に転じ，2000年3月にはニューヨーク・マーカンタイル取引所（NYMEX）の代表油種であるWTI（ウエスト・テキサス・インターメディエート）原油が1バレル31ドルという高値をつけた．また，5月には同原油期近6月物が1バレル30ドルを記録した．石油危機や湾岸戦争の時と違い，今日，世界経済は石油への依存度を低下させており，原油価格が高騰したからといってすぐマクロ経済に深刻な影響を与えることはない，逆に，原油価格が上昇する

ことで資源国へのデフレの波及を回避する効果を生むと指摘された．

しかし，現実には，原油価格の高騰は米国のインフレ圧力を強め，アジアや日本の景気回復を腰砕けにする危険性を含んでいた．それ以上に問題だったのは，アジア通貨金融危機発生後2年余という比較的短い期間に現れた石油価格の驚くべき乱高下である．エネルギー需要の増減が経済成長の規模と速度に依存することは過去の経験に照らして明らかであった．その意味では，石油需要の減少と価格の低落も，また，経済の回復に伴って需要と価格が上昇するのも理に適っている．だが，この時注目されたのは，それ以外の要素，つまり，米景気の過熱とファンドなど投機資金の動きがこれに重なっていたことである．

2000年3～5月における原油価格の高騰は，戦争でも政治紛争の激化でもない平時に起こった点に最大の特徴があった．その背景には，米景気の持続を受け，ファンドや機関投資家等による先物市場における取引が実需以上に膨れ上がり，これが原油価格の高騰に大きな影響を与えたという実情がある．金融の投機的動きによって原油価格が大きく変動する構図，また，金融と石油が相互に絡み合い，グローバル経済を不安定化させている構図を正確に読み取る必要がある．とくに，投機筋の動きが活発であったのは過去1年のうちの前半で，NYMEXではファンドなどの投機筋が原油先物を買い進み，これが先高感を煽った．これに刺激されて1999年後半になると，電力，航空など実需家たちが相次いで先物の手当てに動いた．

Energy Security Analysis（ESAI）の調査によれば，原油市場との関連で先物ファンドやフェッジファンドが運用する資金の額は1986年にはわずか14億ドルだったが，90年80億ドル，93年226億ドルと増大し，99年には500億ドルという巨額に達した[12]．しかし，投資家の資金が流入する先は，商品，商品の中の燃料部門，個々の燃料，さらには非現物目的の石油市場の買いポジションから売りポジションに至るまで多種多様であり，したがって，流入金額を正確に算出することは不可能である．しかも，これらの流入資金は，額の巨大さゆえに世界の原油・製品価格および精製マージンの決定に絶大な

影響力をもっていると信じられている．現実の問題として，NYMEX 上場の WTI, No2 天然ガス，石油，さらに，改質ガソリン，また，IPE 上場ブレントや軽油はベンチマーク商品であり，その相場の動向がエネルギー産業全体の収益性やエネルギー産業からサービスを購入するものの収益性を左右するといわれている．

この時，原油先物の買いに走った投機資金は総額 20 億ドル余り，大半は膨張と加熱をたどってきた米国の市場から流れ出た資金である．額としては，米資本市場の約 1,000 分の 1 にすぎないが，卓越した情報収集力，迅速な意思決定と行動力とで瞬時に巨額の資金が動くため相場に与える影響は衝撃的に大きい．こうした米株式市場を経由して大量に流出する投機マネーは OPEC や G7 といえども制御が難しい．過剰マネーによる投機の動きをどう規制するか，グローバル経済と石油市場が今日抱えているもっとも鋭い問題である．

3. グローバル経済化とエネルギー・食料・環境問題

(1) グローバル経済化とエネルギー問題

このように，グローバル経済化や新興経済危機の進行，その深層で進む「金融」と「資源」の結合という状況の下で，エネルギー，食料，環境，人口等諸問題もこれに伴って変化し，長期的視点で世界経済の持続的発展を制約する主要な要因に転化しつつある．人類と経済社会発展の基礎をなす地球環境，エネルギー，食料，人口等諸問題は，今日，「21 世紀の地球的問題群」と呼ばれ，とくに，グローバリゼーションや市場経済化，情報化の進行との関係におけるその動向に強い関心が集まっている．

まず，エネルギー問題では，競争と効率化の追求で需要は石油，天然ガス，電力等すべての面で増大しているが，供給は当面グラット（供給過剰）の状況にある．しかし，過去の経験に照らしてみると，供給・価格・市場構造とも年々不安定化しており，中長期的にはエネルギー問題は決して楽観できる

状況にはない．また，石油の金融商品化という側面を除けば，ほとんどすべてのエネルギー源が商品取引におけるポジションを下げた．これはグローバル化により金融やサービスの役割が肥大化する世界経済（市場）の質的変化と関係している．

アジア通貨金融危機は需要の低迷と価格の下落という形でエネルギー市場にも衝撃的影響を与えたが，幸い，OPEC諸国が一斉に協調減産に入ったことから，その後価格は持ち直し，状況は改善された．メキシコ，ノルウェー，ロシアなど非OPEC諸国がこうした減産決定に同調したことが価格の回復に貢献したと思われる．需要の低迷と価格の下落が産油諸国の財政を直撃し，これが協調減産を可能にしたわけで，石油市場の先行きに対する産油国の強い危機感を示すものであった．

こうした状況を受け，石油価格は1999年3月末にはアジア向け原油の指標となるドバイ原油が1バレル＝11.90ドル，NYMEXのWTI原油先物も1バレル15.05ドルと急回復を遂げた．さらに，翌4月にはWTI先物（期近）価格が1バレル＝17.80ドルまで急伸した．その後，投機ファンドの動き等もあって，原油価格は結局1バレル＝35ドルまで高騰，わずか1年余の間に20ドルも乱高下するという異常な事態となった．こうした状況は石油危機と湾岸戦争時を除けばまったくなかったことである．これは，グローバリゼーションや情報化の進行の下で，金融市場における投資信託やヘッジファンド等投機資金の動きがエネルギー価格に強い影響を与えるようになった結果生じたもので，石油価格が金融市場から一層強い影響を受けるようになった象徴的な例といえる．

石油価格の乱高下は市場構造の変容から生じたものであるが，この市場構造の変容は規制緩和や自由化の直線的な推進による経済と市場の歪な発展から生まれている．その典型が，2001年1月，米カリフォルニア州で起きた電力危機である．これは，料金規制や取引制限の残存など一部に不徹底な面を残しながら，他方で自由化を急ぐという電力市場自由化の歪な状況から生まれたものである．しかも，電力危機といいながら，これには米経済のバブ

ル化や石油・天然ガス価格の高騰問題が複雑に絡んでいた．

　米国ではここ数年電力産業における規制の撤廃や自由化が大規模に進展し，その結果，新規参入の電力供給者や金融専門家が電力卸売市場において電力や金融商品を売買できるようになった．この電力自由化を背景に台頭してきたのが原子力関連ビジネスの再活性化であり，中小電力会社の再編と効率化による稼働率の向上である．自由化は石油政策にも変化をもたらした．減耗控除制度の国内開発支援税優遇措置，エネルギー省による研究開発支援，アラスカ原油の輸出解禁，メキシコ湾海域におけるロイヤルティの減免等がそれであり，こうした政策転換で米国の石油開発市場は大幅に拡大された．

　電力市場の自由化や石油開発政策等にみるこのような変化は欧州諸国でも大規模に進んだ．ドイツ，イタリア，スウェーデン，ベルギー等における原発政策の見直し，電力市場等エネルギー市場における自由化が予想を超える規模と速さで展開された．EU 市場統合で国営企業や民族系企業に対する保護・育成，域内他企業への差別的取り扱い，域内での原油・石油製品の流通を妨げる措置等がことごとく禁止され，フランス，ドイツ，イタリアにおける国ベースでの石油調達政策も事実上消滅した．

　今日，国際石油・エネルギー市場は，グローバリゼーションや自由化が進めば進むほど，需給ギャップが拡大し，不安定化が加速するというジレンマに陥っている．グローバリゼーションや市場経済化，情報化の進展に伴う生産と市場の拡大・経済の活性化によってエネルギー需要も途上国を中心に急激に増大，加えて，自由化がきわめて短絡的に追求され，ファンドなど投機資金の動きも野放しという状況にあって経済と市場が構造的に不安定化してきたためと思われる．

(2) 食料問題における危機の構図

　グローバル経済化や新興経済危機の下で食料問題もまた深刻な影響を受けた．需給逼迫と価格変動，市場構造の不安定化等はエネルギーの場合と同じであったが，人口や環境問題と連動する形で経済発展に影響を与えだした点

に今日的特徴がある．

　周知のように，戦後世界の食料需給は過剰と逼迫を繰り返してきたが，過去30年間の統計に見る限り，食料生産は人口の伸びを上回る速度で増大し続けてきた．戦後復興とともに始まった食料増産，重化学工業化と高度経済成長の展開，石油危機とスタグフレーションを挟んでの世界経済の再活性化，そして「飽食の時代」へと時代が推移するに従って食料生産は大幅に増大し，世界の食料問題を解決してきた．コメの革命的増産をもたらした「緑の革命」によって猛威を振るった飢餓問題も基本的に解決したし，食料需給に対する不安も減少した．

　しかし，今日，世界の食料生産と需給に対する不安は最終的に解消していないし，地域的には拡大さえしている．相次ぐ戦乱や紛争，旱魃など自然災害による食料不足がアフリカなど最貧国での飢餓を生み，これがこうした不安の根底にある．同時に，アジア経済の成長に代表される新興経済の台頭や食の高度化による食料，とくに，穀物需要の増大がグローバル化や情報化と重なって市場構造を急激に不安定化させている状況もある．

　人口13億を数える中国の食料問題について米ワールドウォッチ研究所レスター・ブラウン所長（当時）が警告論文を発表し，これがきっかけとなって中国の食料問題をめぐる国際的な議論が開始されたのは1994年のことであった．ブラウン氏の主張は，中国では人口が毎年1,400万人ずつ増加，他方，経済の急成長で食料需要も急増しており，これが世界の食料需給に緊張関係を生み，価格を高騰させる原因になっているというものであった．この主張に対して，中国当局は当初批判的であったが，その後，立場を修正した．また，米国内では，農務省海外農業局長A.シューマッカー氏やウィンロック国際農業開発研究所社長R.トンプソン氏らが反対論を展開，米国の食料供給力やバイオテクノロジーなど農業技術開発で食料生産の倍化，3倍化は可能としていた．

　しかし，世界の食料問題はこれらの人々が主張するほど楽観的ではなく，中長期的には逼迫が避けられず，価格も上昇するというのが専門家の一致し

た見方であった．国連食糧農業機関（FAO），世界銀行，米国国際開発局，日本の農林水産省等の公的機関，ワールドウォッチ研究所などの民間研究機関等の調査報告や予測データによっても，食料需要は経年的に増大していた．今日，食料の海外依存や自給率の低下も加速し，食料不足から飢餓が慢性化する国も増えている．アジア経済は通貨金融危機後も潜在的成長余力を残しており，所得上昇による食の高度化・多様化で食料需要が増加，その結果，輸入依存度がさらに高まる可能性がある．

このように，世界の食料需要は大幅に増大する方向にあるが，他方，供給については，工業化と都市化の進展，農業投資の減退，農地の工場用地化・宅地化，環境問題の深刻化等によって生産が大きな制約を受け，需要に応えられない状況が生まれている．とくに，農業投資の減退が単収の増加問題やバイオテクノロジーによる新品種の開発・普及等に否定的影響を与え，食料生産と供給の安定化に暗い影を落とす結果となっている．仮に，食料需給が逼迫した場合，長年の過剰生産や化学肥料の過剰利用による土地の劣化，土壌流出等環境上の制約から一連の食料生産・輸出国で生産の拡大が望めず，輸出が困難になる可能性もある．他方，先進輸入国も食生活や食料事情の質的低下を招き，国民生活に深刻な影響の出ることも予想される．資金力に任せて食料輸入を強行した場合，途上国の食料輸入に問題がしわ寄せされることは明白である．

今日，とくに重視されるのは，こうした状況がグローバリゼーションや情報化の進展に伴う経済・市場構造の変容の下で，金融・エネルギー・地球環境等との相乗関係を強め，経済と社会の持続的発展を大きく規制しだしていることで，これが第2の問題である．アジア通貨金融危機に続くロシア・中南米危機では，石油などエネルギー需要の減少と価格の急落を前に，これと連動する形で小麦やトウモロコシなど農産物価格が下落した．アルゼンチンやメキシコ等でこの状況は著しく，石油需要の減退と価格の低迷で農産物も同様の事態に追い込まれるのではとの思惑が先行しての動きであった．

石油と他の一次産品価格の連動は，石油危機時に広く認識されたことであ

る．当時，石油価格の高騰に伴って農産物や鉱物資源など一次産品価格も大幅に上昇した．資源の枯渇性に対する懸念の増大を背景に，石油に続き，銅，すず，天然ゴム，コーヒー等諸資源に対する民族主権の確立を求める資源ナショナリズムが高揚した結果であった．しかし，80年代に入ると，石油価格が下落し，これに伴って鉱物資源や農産物の価格も下落に転じた[13]．

しかし，近年の事態は石油危機時の鉱物・農産物資源をめぐるこうした状況とは異なり，グローバル経済化と膨大な過剰マネーの創造を背景に巨額の投機資金が世界の穀物・農産物市場に流入し，他方，穀物メジャー等の行動も活発化するなど食料・農産物取引とその市場構造が激変している点に特徴がある．

(3) 環境汚染・破壊のグローバル化

こうした状況は環境問題ともつながっている．それは，温暖化，異常気象，水不足，土地の劣化といった環境問題が農業生産や食料問題に直接的影響を与える事態となっているからである．競争と効率化の地球大の追求によって生産と市場が著しく拡大・多様化し，所得と富の蓄積が進む一方で，自然破壊や環境汚染も規模と速度を増し，グローバル化した．グローバリゼーションや市場経済化，情報化の下での環境汚染・破壊の実態を地球規模で見た場合，現在，最大の懸念が寄せられるのは，化石燃料消費による大気汚染と地球温暖化，各種排出・廃棄物による河川・海水の汚濁，過剰使用による水不足と水資源の枯渇，化学肥料の過剰利用等による土地の劣化といった事態の大規模な進行である．とくに，二酸化炭素（CO_2）等による大気汚染と地球温暖化は，汚染の規模，被害の実態，対策の難しさという点で現代世界のもっとも深刻な環境問題といえる．

高度経済成長開始直前の1950年における世界のCO_2排出量は約15億トン，今日の森林伐採によるCO_2排出量（約15億トン）に匹敵する量であったが，2000年の総排出量はその4倍強，63億トンという膨大な量であった[14]．今日，地球上を走るガソリン車約5億3,200万台，これと石炭消費の火力発

電所が主な発生源である.

　まず，第1に，こうした膨大なCO_2の排出とそれによって生じる地球温暖化が今日いかなる状況を地球上に作り出しているか．慢性化した異常気象，極地や高山での氷の溶解，海面上昇，暴風雨圏の拡大，河川の枯渇といった事態が大規模に進行し，その結果，農業生産や経済活動に重大な障害が生じている．アジア地域では，韓国，中国，ASEAN諸国を中心に大気汚染や河川の汚濁がとくに著しい．自動車や工場から出る排気ガス，浮遊粒子状物質（SPM），硫黄酸化物（SO_x），窒素酸化物（NO_x），工場や家庭から出る排水・し尿等が中心であるが，こうした事態は急激な工業化や都市化，モータリゼーションの進行に伴って加速している．

　1997年10月，京都で開かれた気象変動枠組み条約第3回締約国会議，いわゆる，COP3は，膨大なCO_2の排出と地球温暖化の進行を防止する重要な会議であったが，各国の利害が激しく対立するなか，先進国が率先して温室効果ガスの排出削減に踏み出すことを内容とする議定書を取りまとめた．対1990年比温室効果ガス排出量を欧州8％，米国7％，日本6％の割合で削減するというこの議定書の目標を達成するには，国内制度の改革・整備，排出権取引等新制度の導入，環境技術の開発などが不可欠で，巨額の財政支出や企業活動規制等で各国に大きな犠牲を強いる．

　2001年春，ブッシュ米政権は，同議定書は中国，インドなど途上国に何の義務も課しておらず，米国の国益に反するとしてこれからの離脱を宣言した．世界のCO_2排出量の4分の1を排出する米国の離脱は議定書の意味を大きく削ぐもので，温暖化防止に熱意を示さない無責任な態度と批判された．

　第2は河川の汚染・汚濁と水資源の枯渇問題である．世界各国で水資源の枯渇問題や水不足が深刻化しだしてすでに久しいが，現在，主要な河川大国である中国，インド，米国等で河川や地下帯水の枯渇問題が新たな段階を迎えている．アース・ポリシー・インスティチュートの調査によると，2050年には，インドで5億6,300万人，中国で1億8,700万人，パキスタンで2億人の人口増加が見込まれ，その他エジプト，イラン，メキシコ等でも人口

が倍加すると予測されているが，これら諸国はそのまま「水飢餓国家」（水不足が飢餓を生む国）となる可能性が高いという[15]．

地下水の過剰な汲み上げのため，米国の穀倉地帯を支えるオガララ帯水層の水位が極端に低下し，コロラド河の水が海への出口を失い，黄河その他中国有数の河川やその支流で水量の著しい減少や枯渇といった深刻な事態が発生していることについては，世界的にはまだ認識が浅い．今日，こうした河川の枯渇や水不足はグローバル経済化や市場経済化の拡大に伴い加速度的に拡大している．ナイル川の水量確保をめぐるエジプト，スーダン，エチオピア間の紛争やヨルダン川をめぐるイスラエル，ヨルダン，パレスチナ間の紛争はすでに歴史があるが，中央アジアのアムダリア川の水利権をめぐるウズベキスタン，トルクメニスタン，タジキスタン，キルギス間の紛争，ガンジス川をめぐるインドとバングラデッシュ紛争の新たな展開，また，メコン川の水利用をめぐる中国と下流のラオス，カンボジア間の確執等は最近の動きで，灌漑用水の確保，開発に伴うダムや発電所の建設，工業用水の確保等と関係がある．

以上，グローバリゼーション，市場経済化，情報化の進行の下でのエネルギー，食料，環境等諸問題の実態について概説した．そこでは，①グローバル経済化や情報化の進展に伴ってこれら諸問題も変化し，次第に先鋭化しており，しかも，②この先鋭化と同時に「金融」と「資源」の相乗があるとも指摘した．冷戦後の世界経済のグローバル化と構造的変化，新興経済危機の進行といった状況の下で，「金融・資源」関係は「地球的問題群」の先鋭化と一体化し，世界経済の「危機」と「繁栄」を演出している．この不安定で危険な構造こそ現代の「危機の構造」なのである．

注
1) 米国とサウジアラビア間の「特別な関係」と「秘密協定」の存在については，英金融問題専門誌 *International Currency Review*（Vol. 9, No. 2）が特集的に報じ，米上院外交問題小委員会（ローゼンタール委員長）でも議論になったが，詳細は不明のままだった．詳細は唐沢敬『石油と世界経済』中央経済社，1991年，69～74ページ参照．

2) U.S. Department of Commerce, "The Big Emerging Market-1996 Outlook and Sourcebook," International Trade Administration, 1996, pp. 127, 143, 152, 208.
3) The World Bank, "East Asia's Miracle", 1994. これは世界銀行が1993年に東アジア経済の急成長を中心に1年かけて実施した政策研究に関するレポートで，アジア経済成長のもつ潜在力に高い評価を与えたが，これがきっかけとなって，米国や日本でアジア経済の成長問題をめぐって論争が起きたことはよく知られている．
4) Ulrich Beck, *What Is Globalization?*, Polity Press, 2000, pp. 30–63.
5) John Grey, *False Dawn*, Granta Publications, London, 1998. 石塚雅彦訳『グローバリズムという妄想』日本経済新聞社，1999年，24～29ページ．
6) 通産省産業構造審議会21世紀世界経済委員会報告書「進むグローバリゼーションと21世紀経済の課題」1～22ページ．
7) タイ・バーツに対する売り圧力が加わりだしたのは1995年2月で，96年7月にはバンコク商業銀行の倒産とタイ中央銀行による流動性供給の開始があり，この時点で，IMFは貿易収支上の問題点，為替相場の弾力的運営の必要性をタイ当局に伝えたという．IMF, *International Capital Markets*, 1998, p. 44.
8) アジア通貨金融危機の原因とその評価は，アジア諸国の政策上の失敗や経金融制度の未発達，政経癒着等を主に指摘するものやIMF等の政策ミスを含め国際的，また，当該アジア諸国の政策の失敗を指摘するものなどに分かれている（唐沢敬『アジア経済　危機と発展の構図』朝日新聞社（朝日選書），1999年，参照）．
9) 経済産業省調査局編『アジア経済2000』は，東アジア経済の急回復の実態を，輸出の伸び，資本の流れの変化，構造改革の進展状況に則して分析している．
10) 経済企画庁調査局海外調査課編『アジアNIEsに拡がった通貨減価』1998年，3ページ．なお，この点については，同庁調査局編『調査月報』（1997年8月号），『世界経済白書』（平成9年度版）でも同様の指摘がされている．
11) 石油危機発生後，米国はサウジアラビアとの「特別な関係」樹立を模索，これを基礎に「石油と兵器のバーター」を軸とする「石油とドルの結合体制」を作り上げた．これが契機となり，「金融」と「資源」の結合が進んだと考えられる（前掲，唐沢『石油と世界経済』65～100ページ参照）．
12) 石油公団編『石油／天然ガス　レビュー』2000年4月，5～6ページ．
13) 詳しくは前掲，唐沢『石油と世界経済』151～152ページ参照．
14) Lester R. Brown, *Eco-Economy*, pp. 28–29.
15) *Ibid.*, pp. 39–40.

第2章
世界経済の構造変化に取り残される産油国

岩﨑 徹也

はじめに

　本稿執筆中に衝撃的なニュースが世界を走った．乗客を乗せた民間航空機が米国の貿易センタービルとペンタゴンに激突し，多くの尊い命が失われた．これに対し，米国政府は，テロリストへの報復を宣言，同国が首謀者として特定したイスラム原理主義指導者ウサマ・ビン・ラーディンと同氏を匿うアフガニスタンのタリバン勢力を，反タリバン勢力とともに攻撃，タリバン政権は崩壊した．

　同時テロ事件の真相について，筆者は知る由もない．だが，グローバリズムの流れに取り残された産油国を含む中東地域において，青年層を中心とする雇用問題が深刻化し，それが，いわゆるイスラム原理主義台頭の背景になっていることは，ほぼ間違いない．

　1970年代には，中東地域における戦争や革命という政治的事件を契機に2度にわたる石油危機が発生，世界経済を混乱に陥れた．周知のように，中東地域には世界の石油確認埋蔵量の3分の2が眠っている．今回の報復戦のような事件が中東地域全般の政治的不安定化を促進し，新たな石油危機をもたらすのではないかとの懸念もいまだ根強い．筆者には，中東政治の今後を占う能力はない．だが，70年代の石油危機を振り返り，中東地域の現状をサーベイすることによって，より長期の国際エネルギー・石油情勢を展望するうえでの何らかのヒントが得られるのではないかと考える．

1. 石油危機の時代

(1) 耐久消費財産業とエネルギー・石油消費

まず，はじめに，1970年代の石油危機について考えよう．

第1次石油危機は，第4次中東戦争に伴うアラブ産油国の石油禁輸・供給削減がきっかけとなった．また，第2次石油危機も，イラン革命による同国からの石油輸出の停止，減少が石油価格高騰の引き金になっている．とはいえ，実際の供給途絶・減少はごく短期に終わったばかりか，他国，他地域の増産などにより，世界の石油需給の逼迫は長期化していない．にもかかわらず，一度高騰した石油価格は高止まりを続け，それが，世界経済に大きな打撃を与えたのであった．これは，第1次石油危機の過程で，石油輸出国機構（OPEC）加盟国の産油国が，戦後の石油市場を支配したメジャーズ（国際石油資本）から，石油生産と価格の決定権を奪取し，大幅な値上げを実現，危機後も価格カルテル化し，高水準の価格維持に努めたためである．

OPEC産油国をそのような行動に駆り立てた原因は何なのか．また，それが可能となった背景とは何なのか．実は，第2次世界大戦後，長期の高度成長を実現した先進諸国の経済構造と先進諸国を中心に編成された世界経済システムにこのなぞを解く鍵がある．

両大戦間期に米国で成立した大量生産型の耐久消費財産業は第2次大戦後，欧州や日本にも移植され，先進国の基軸産業を形づくることとなった．高価な耐久消費財の量産には大衆の個人所得の高さ（大衆消費社会）が前提となる．当初そのような条件のなかった西欧や日本も，労働組合の強化や社会保障により需要の下支えを行いつつ，管理通貨制を利用した財政金融政策を通じ，積極的な総需要拡大政策を推進し，米国型の耐久消費財量産型重化学工業を導入，大衆消費社会の実現に成功したのである[1]．50年代のはじめほとんど家電製品のなかった欧州や日本の家庭にもテレビ，冷蔵庫，洗濯機が入り，やがては乗用車の購入も可能になった．このような個人消費の拡大

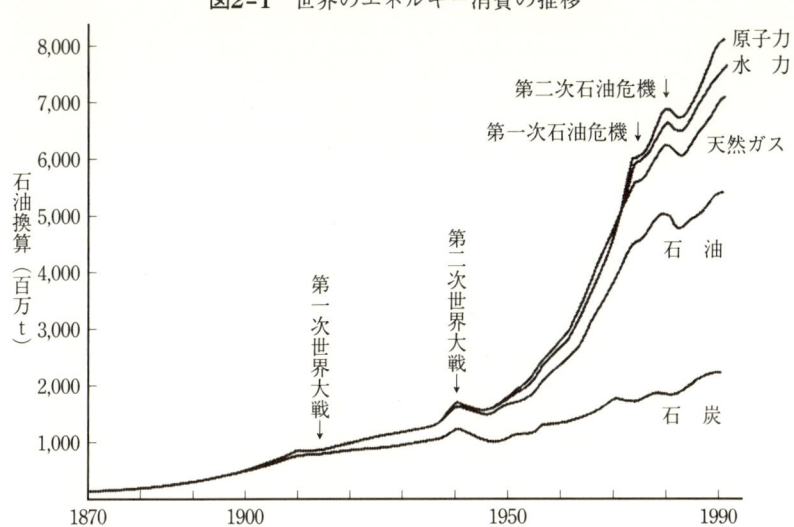

図2-1 世界のエネルギー消費の推移

縦軸:石油換算(百万t) 0〜8,000
横軸:1870〜1990

系列(上から):原子力、水力、天然ガス、石油、石炭

注記:第一次世界大戦、第二次世界大戦、第一次石油危機、第二次石油危機

出所:エネルギー教育研究会編『講座 現代エネルギー・環境論』電力新報社,1997年.
出典:国連統計,BP統計等による.

が,いわゆる技術革新投資(フォードシステム,素材産業の大型化)と結びつき,投資と消費の急拡大による国内市場中心の内包的発展過程＝高度成長をもたらしたのであった.

　だが,それは,資源・エネルギーの大量消費を伴うものであった.自動車・家電等機械産業の組立工程におけるエネルギー消費はそれほど大きくないものの,それらの製品の動力としてガソリン,ディーゼル,電力等が大量に消費されるばかりか,フォードシステムによる大量生産の材料・産業素材として鉄鋼,ガラス,ゴム,化学製品などが大量に使用される.さらに,モータリゼーションの進展,米国的生活様式の普及には社会的インフラとして自動車道路網,電力輸送網の整備,大規模発電施設の建設などが不可欠であり,ここでも,大量の鉄鋼,金属製品,セメントなど産業素材が必要となる.現在の先進諸国における産業用エネルギー消費の 70〜80 ％は鉄鋼,化学,セメントなどの素材産業である.このため,耐久消費財量産型の重化学工業

表 2-1　世界の石油生産　　　（単位：日量1,000バレル）

	1973	1985	1990	1995	1998	1999
世界計	58,445	57,430	65,415	67,995	73,405	71,890
うち OECD	14,495	20,025	18,840	20,795	21,565	21,130
うち OPEC	30,890	16,690	24,555	27,560	30,910	29,330
うち中東（非 OPEC を含む）	21,195	10,645	17,530	20,130	22,760	21,885
うちアフリカ（非 OPEC を含む）	5,970	5,440	6,675	7,120	7,580	7,445
非 OPEC（旧ソ連を除く）	18,895	28,700	29,285	33,140	35,110	34,990

出所：BP Amoco, *Statistical Review of World Energy*.

の発展はエネルギー消費全体を急増させることになる．とりわけ，モータリゼーションの進展や石油化学産業の発展による石油製品固有の需要増加ばかりではなく，産業部門・電力部門・民生部門等における石炭等からの燃料転換の結果としても，石油製品需要は急速に増加することになった．高度成長期において先進国（OECD）の一次エネルギー消費全体に占める石油の割合は急速に上昇，1970年には約5割を超え，石油依存は決定的になった（図2-1）．さらに，供給面では，中東を中心とするOPEC加盟国のシェアが増大，1973年の世界の原油生産に占めるOPECのシェアは55.8％に達している（表2-1）．米国のように，石油生産も多いが，消費も多い国もあるので，国際貿易面でみると，中東を中心とするOPECの重要性は一層大きく，同年における世界の原油貿易（輸出）におけるシェアは実に86.9％に達している．

(2) 国際石油資本による石油市場管理

　エネルギー・石油需要が急増しても，供給面がそれに対応できれば問題はない．また，19世紀半ばの世界の工場，英国綿工業の原料供給地もエジプト，インド，アメリカなどに偏っていたといえるが，パックス・ブリタニカ体制の下で原料供給は安定していたのであり，特定地域からの輸入依存度の高さそのものが供給不安をもたらすわけではない．実際，戦後の復興期から高度成長期にかけては中東地域から低廉かつ豊富な石油の供給が行われ，そうであるが故に，燃料転換を伴う石油消費の増加がみられたのであった．

戦後，石油危機までの国際石油市場は米英系の国際石油資本によって管理されていた．戦前世界最大の産油国であった米国の石油生産が限界に近くなっているなか，セブンシスターズ，石油メジャー等と呼ばれる国際石油資本は中東産油国に合弁で原油生産会社を設立，産油国政府との間に排他的な包括的利権協定を締結，新規供給源を独占的に共同管理したばかりか，石油輸送や消費国の精製・販売部門においても圧倒的な市場シェアを有していた．各産油国の生産量や原油価格の決定権，さらには石油資源も実質的には国際石油資本の手中にあり，生産から流通にわたる彼らの独占力によって，一部産油国の反抗は抑制される場合も多かった．1960 年には，課税参照価格である原油の公示価格引下げに対抗するため，主要産油国が OPEC を結成したが，60 年代にはかろうじて公示価格を維持した程度にとどまっていた．高度成長期には，国際石油資本の石油市場管理の下，石油の低廉かつ安定的な供給が実現していたのであった[2]．

　イスラエルとの関係で，アラブ産油国に対する直接的な経済・軍事援助の困難な米国は，産油国の国際石油資本に対する課税強化を二重課税防止法の適用などにより援護，石油収入の増加による産油国の経済発展＝体制安定化を目指すほか，英国と協力しつつ，目立たぬように中東産油国の安全保障を実現せんとしていた．いわゆるパックス・アメリカーナの世界体制の下，国際石油資本による国際石油市場管理・石油供給はきわめて安定していたといえよう．

(3) 南北問題の深刻化と資源ナショナリズムの台頭

　1970 年代に入ると，パックス・アメリカーナの世界体制は動揺しはじめる．日欧における耐久消費財産業の定着により，競争力を低下させた米国には，ドル撒布や市場開放により世界経済を膨らませる一方，世界規模の軍事展開を維持するということが不可能になりつつあったのである．

　こうしたなか，60 年代半ばより，発展途上国全般で，南北問題を背景とした，資源ナショナリズムの強まりがみられた[3]．南北問題の詳細について

は他に譲るが，戦後の先進国の発展が耐久消費財量産型重化学工業の導入による国内市場の内包的拡大を中心としていた点，石油化学工業の発展で途上国産の天然素材が代替された点，国内農業保護が継続した点などによって政治的には独立した途上国が農工間国際分業を通じて発展できるような道は閉ざされていた．

　農業的発展が保障されない途上国は工業化による経済自立を目指したものの，開発資金獲得のためには，当面，特産物的農産物や鉱物性資源などの一次産品輸出を拡大せざるを得ない．だが，その結果，途上国経済は，少数の一次産品生産・輸出に特化，モノカルチャー化し，脆弱性を強めたばかりか，商品経済化の進展で，伝統的な共同体社会が崩壊，土地なし農民や都市スラム住民の族生という形で，過剰人口・大衆的貧困問題をも顕在化させ，政治的な不安定性を強めた．こうしたなか，資源保有国を中心に，多国籍企業の支配下にある自国資源に対する主権を回復し，価格引き上げや高付加価値化によって国内開発を進展させようという資源ナショナリズムが台頭することになった．

　1970年代には，高度成長の継続による資源需給の逼迫，IMF 体制の崩壊やベトナムにおける軍事的敗北などいわゆるパックス・アメリカーナの世界体制の弛緩等を背景に，資源保有国は多国籍企業に対し，価格引き上げ，国有化・事業参加などの攻勢を強め，2度の石油危機にいたるのである．

　2度の石油危機はいずれも政治的事件を契機とする短期的な石油供給の途絶を直接の原因としたが，供給途絶が解消した後も石油価格は高止まりとなったのは，OPEC の存在によるものである．第1次石油危機の過程で，OPEC 諸国は国際石油資本から石油価格や生産の決定権を奪取，その後，OPEC 総会で基準原油の公式価格と油種間の価格差を決定するという方式を確立，価格カルテル化した．石油危機後産油国は急速な工業化プロジェクトを進展させるが，莫大な開発資金獲得のためには石油の高価格が不可欠だった．石油価格決定過程において強硬な立場をとる諸国の多くは人口が多く，大衆の貧困問題が深刻ないわゆるハイアブソーバーであった．先進国にも資

源大国は存在するが，資源ナショナリズムとは無縁である．石油危機を頂点とする資源ナショナリズムの台頭には，戦後の世界システムに起因する，南の諸国の低開発，南北問題が大きな要因となっていたのである．

2. 世界経済の構造変化

(1) 先進国の高コスト経済化と輸出指向型工業化

　戦後の先進諸国は耐久消費財量産型の重化学工業（オイルとカーの経済構造）を軸に高度経済成長を実現した．耐久消費財量産型の重化学工業の発展には大衆消費社会の実現が不可欠である．一般大衆が高価な耐久消費財を購入できるだけの所得を保障されない限り，大量生産は実現できない．戦後，先進諸国は，国家の強力な経済過程への介入＝福祉国家体制の下，これを実現した．

　ところで，福祉国家体制の強化・大衆消費社会の発展は，賃金，福祉費の上昇から，当該国の経済社会の潜在的な高コスト化をもたらす．実際，高度成長以前唯一の福祉国家・大衆消費社会であった米国の時間当たり賃金コストは欧州や日本を大幅に上回っていた．ただ当時の米国はむしろ他国の実現できない大量生産によって圧倒的に高い生産性を有しており，耐久消費財をはじめとする重化学工業製品のコストは欧日を大幅に下回っていた．だが，1960年代半ばには米国の耐久消費財市場は成熟化し，設備投資＝生産性向上が鈍化する一方，欧州や日本が米国と同様の経済構造を発展させ，生産性の急速な上昇を実現したことにより，同国の高コスト化は顕在化しはじめる．とりわけ，労働集約型の産業の国内生産は次第に困難となっていった．さらに，70年代に入ると欧州や日本でも耐久消費財産業の成熟化，設備投資の停滞によって高コスト化が目立ちはじめる．

　こうしたなか，先進国で過剰化した資本の受入れによってまずアジアNICs（新工業諸国）の輸出指向型工業化が実現したといえよう．戦後高度成長期までの先進諸国の対発展途上国直接投資は石油などの鉱物資源開発が中

心であった．製造業直接投資は，国内市場の成熟化と欧州共同市場からの締め出しを恐れた米国資本の対欧州投資が中心であり，途上国向けは，中南米などの輸入代替工業化による輸入規制に対応するための，防衛的，消極的性格の投資が一部行われたに過ぎない．高度成長期の先進諸国は，先述のごとく，内包的拡大に伴い，投資機会が急増しており，政情不安な発展途上国に対する投資を行う積極的根拠はなかった．アジアNICsなどへの製造業直接投資の増加は，米欧日の産業構造同質化による競合激化，福祉国家体制の定着による高コスト化という条件の成立によって可能となったのである．先進諸国の側からすると，これは産業空洞化の始まりであり，グローバリゼーションの端緒となったといえよう．

(2) 日本におけるME技術革新の進展

2度の石油危機によって，先進諸国は深刻なスタグフレーションへと陥った．管理通貨制度化の通貨膨張はそれ自身としてインフレ促進的な性格をもつといえるが，高度成長期には，大量生産化・大型化を目指す企業の活発な技術革新投資が，生産性の向上，コスト削減を通じて，インフレの顕在化を抑えていた．だが，60年代の終わりには，先進諸国の耐久消費財市場は成熟化し，消費，投資とも一巡傾向が顕著となった．これが，経済成長の鈍化（スタグネーション）と生産性上昇鈍化によるインフレ顕在化の同時的発生，すなわちスタグフレーション発生の根拠である．石油危機による主要エネルギー源価格の高騰によりスタグフレーションは一層激化した．とはいえ，先進諸国・大企業の間ではこれに対応しようとする動きも現れはじめた．

石油危機によって戦後初のマイナス成長を経験したわが国において，ME（マイクロエレクトロニクス）技術革新が，製品および生産工程を中心に，進展した．製品技術における普及は，耐久消費財の高性能化と小型化を促進，利便性の向上と素材・原燃料の節約を実現した．NC（数値制御）工作機や産業用ロボットの生産工程における普及は，いわゆる「熟練の解体」をともないつつ，省力化やコスト削減を促進した．

生産工程の ME 化は，組立加工産業の生産工程を極端に単純化することによって，熟練労働者を低コストの未熟練労働者で代替する役割を果たした．これは労働コストの削減に寄与する一方，熟練労働者層の薄い地域での工場立地を容易化することとなった．この結果，国内では地方量産工場の建設が促進されたが，相次ぐ円高による労働コストの相対的上昇の結果，次第に生産拠点の海外シフトを促進することになった．すなわち ME 技術は，国際的には，技術・技能基盤の蓄積のない発展途上国へ生産を移転する技術的基礎となったのである．当初，軽工業や組立産業でも単純組立工程に限定されていた発展途上国の低賃金労働力利用は，ME 技術により，耐久消費財や電子製品など現代産業の中核部分にまで拡大することとなった．また，情報ネットワーク技術は，遠隔の本国から発展途上国の多数の国々にまたがって形成された企業経営を効率的に統括・管理できる技術的手段を提供することになった．いずれも先進国資本の多国籍企業化・グローバリゼーションを容易にし，あるいは発展途上国向けの低賃金利用の直接投資を現実化する，技術的な基礎をつくりだしたのであった．

(3) 大競争——企業が国を選ぶ時代

　現在では，多国籍化した先進国企業は，政治的安定性などの条件さえ充たしていれば，世界のあらゆる地域に生産を移転することが可能である．労働コストなどコストベースでのグローバル・アウトソーシングによる世界最適地生産が可能となり，「企業が国を選ぶ時代」が出現したのである．これを発展途上国からみた場合，従来きわめて困難であった工業化が，輸出指向型開発戦略によって可能となったことを意味する．このため，80 年代の半ばよりは，折からの円高を好機ととらえたマレーシアやタイ等の ASEAN 諸国が輸出指向型の工業化を展開，その成功は，中国，ベトナムなどの社会主義諸国や中南米諸国，さらには，市場経済への移行を目指す旧ソ連圏諸国の輸出指向型工業化を一挙に加速化することとなった．

　先述のように，ME 技術・情報技術は，低開発国の工業化を加速化したば

かりではなく，それらの諸国の生産・輸出する製品の多様化・高度化を実現した．もはや，発展途上国は，労働集約的な軽工業製品ばかりでなく，戦後，先進国の基軸産業であった耐久消費財や電子製品など高度の製品の供給も可能となったのである．すなわち，従来，高コスト化した先進諸国と発展途上国の間で可能であった一定の棲み分けがほとんど不可能になりつつある．ここに，先進諸国，発展途上諸国，旧ソ連圏諸国三つ巴の「大競争」が出現することになる．

(4) 米国における IT 技術革新

1980年代には，「日米逆転」が取りざたされたほど経済力を低下させたかに見えた米国経済は，1991年3月より10年以上の景気拡大を続けた．90年代の後半にはバブル的要素も強まり，その崩壊により，2000年半ばから景気後退に陥っているものの，米国の経済力復活そのものを否定することはできまい．そして，経済復活の大きな要因として IT 技術革新をあげることができよう．

競争力低下に対して，米国企業は，80年代に入ると，リストラクチャリングやアウトソーシングによるコア・コンピタンス経営，日本的生産システムの導入，事務部門などを中心とする情報化，海外生産の拡大によるグローバル・アウトソーシング，などにより自らの経営体質の強化等の努力を続けてきたが，IT 技術革新によって国際競争力の回復は決定的となった．

IT 技術は汎用技術であり，経済社会全分野に大きな影響を与えるが，米国経済復活の軸心は，産業企業の IT 投資＝IT 利用に，なかでもとくにインターネットの普及によって実現した電子商取引の導入という，産業分野の変化にあった．製造業を中核とする工業社会では，合理化の中心は生産過程にあり，流通過程における合理化は遅れ，現代の経済では商品供給コストの過半が流通コストであるともいわれている．IT 技術革新は，企業と消費者を結ぶネットワークの形成によって，流通コストの削減を全社会的な規模で可能にすることにより，企業利潤の拡大と商品価格の低下を実現，投資と消

表 2-2 世界の石油消費　　　（単位：日量 1,000 バレル）

	1973	1985	1990	1995	1998
世界計	55,935	58,410	65,440	68,200	71,920
うち OECD	41,000	36,445	40,510	43,450	45,465
うち途上国（旧ソ連圏を除く）	7,900	12,650	15,470	19,655	22,050

出所：BP Amoco, *Statistical Review of World Energy*.

費の拡大を実現したのである．

　福祉国家体制による高コスト経済化がいち早く顕在化し，国際競争力を低下させた米国は IT 技術革新により，福祉国家体制を基本的に維持しつつ，国際競争力の復活を実現した．さらに，米国の産業企業は，IT 技術を駆使しつつ，先進福祉国家の脅威となるアジアなどの新興低賃金工業諸国をも，世界最適地生産の網に取り込み，グローバル化を実現したのである．大競争をビルトインした経済構造を確立したといえよう．

3. 世界経済の構造変化と石油市場

(1) 増加を続ける低開発国の石油消費

　1960 年から 70 年の間に 2 倍以上の増加を見た先進国（OECD）の石油需要は石油危機の 1973 年の日量 4,100 万バレルから 85 年の 3,645 万バレルに減少，途上国などにおける増加があったものの，世界需要も同期に 5,594 万バレルから 5,841 万バレルに増加するに止まった（表 2-2）.

　一方，石油価格の高騰により高コストの非 OPEC 産油国の石油開発・生産は促進され，割高なカルテル価格販売を原則とする OPEC の生産は 1973 年の日量 3,089 万バレルから 85 年には 1,669 万バレルへとほぼ半減している．この結果，OPEC の世界原油生産に占めるシェアも同期に，それぞれ 52.9 % から 29.1 % へと急速に低下した（表 2-1）．

　こうした事態に対して OPEC は，従来よりの価格カルテルに加え生産カルテルをも導入したが，市場シェアの激減，石油輸出激減による経済危機，加

盟国間格差の拡大などを背景とした増産圧力により加盟国間の結束力，カルテル機能，市場支配力とも大幅に低下，1986年に入ると石油価格は崩落し，その後も，実質価格では，第1次石油危機後の水準をかなり下回る範囲で乱高下を続けることとなったのである．

石油価格の崩落後，世界の石油消費は増加傾向に転じ，1985年の日量5,841万バレルから98年の7,192万バレルへと23.1％増加している（表2-2）．うち，先進国の伸びが24.7％であったのに対し低開発国は74.3％も増加している．経済混乱の旧ソ連圏は52.7％の大幅減少であった．エネルギー需要全体もほぼ同様の動きを示している．先進国の石油・エネルギー需要が比較的緩慢であったのに対し，発展途上国の伸びがきわめて著しいという事実は，この間に起きた世界経済の構造的変化を反映しているといえよう．

先述のごとく，先進諸国の高コスト化，競合激化という国際環境の変化とME，情報技術の進展という技術基盤の成立により，アジアをはじめとする低開発国において輸出指向型開発戦略による工業化が可能となった．1970年代以降，途上国の石油・エネルギー消費の伸びは，先進諸国を上回っている．途上国においては，一般的なエネルギー統計に計上されない薪炭などの非商業エネルギーから石油，石炭などの商業エネルギーへの転換が進んでいることもあり，消費の伸び率は高めとなるとはいえるが，この間の途上国における石油消費の伸びの中心がアジアであるという点からしても，工業化の影響が大きいことがわかろう．

これに対し，先進諸国では，70年代以降，資源・エネルギー多消費型の耐久消費財市場が成熟化したうえ，2度の石油危機による大幅な価格上昇で省エネルギーや燃料転換が進展した．もっとも，80年代半ば以降の石油価格下落で，省エネ投資などの採算性は次第に低下した．にもかかわらず，先進国の消費の伸びはそれほど大きくない．先述のように70～80年代の日本ではME技術の導入などが活発化し，耐久消費財産業の効率化が進展し，鉄鋼，化学製品など産業素材の消費が抑制され，エネルギー消費全体の抑制につながったのである．また，先進諸国からのアジアなど発展途上国へ

の製造業流出も先進諸国のエネルギー消費抑制につながる．耐久消費財市場の成熟化や製造業の流出により先進国ではエネルギー消費の小さいサービス産業の比重が増加する．さらに，米国で進展するIT技術革新はオープン・ネットワーク（インターネット）を軸に製造業にとどまらず，流通，物流，金融など広範な分野における効率化を促進，経済全体の効率化を実現，エネルギー・石油需要を抑制するという性格を有すると考えられる．この結果，80年代の後半以降，エネルギー・石油価格の低下による省エネ投資の鈍化などにもかかわらず，先進諸国の消費は相対的に抑制されたものにとどまったのである．

石油消費の拡大に伴い石油生産も1985年の日量5,743万バレルから98年の7,341万バレルへと増加した．OPECの生産は同期に1,669万バレルから3,091万バレルへと大幅に回復したものの，石油価格低下や資源的制約により減少・低迷するであろうと予想されていた旧ソ連を除く非OPECの生産も2,870万バレルから3,511万バレルへとOPECほどではないが，増加している（表2-1）．さらに，市場経済化と内需の大幅減少により，従来限界的であった旧ソ連諸国の世界市場への輸出も増大することとなった．

原油価格の低下に対応して，石油メジャーなどが，水平掘削や3次元探鉱に代表される技術革新により，石油開発・生産コストを削減，一方，旧ソ連諸国を含む産油国では，開発資金不足に対応するため，鉱区を外国資本に対し開放，これらが非OPECの増産継続につながったのであった．

非OPECの増産継続により，世界の石油生産におけるOPECのシェアは1985年の29.1％よりは上昇したものの，98年でも42.1％にとどまっている．シェアの上昇によりOPECの市場支配力は潜在的には回復に向かっているといえるが，人口急増による雇用問題の深刻化と実質石油価格・収入の低迷が加盟各国への増産圧力として働き，市場支配力の回復を阻害したといってよかろう．この結果，原油価格は比較的低水準で乱高下を繰り返し，国際指標となっている北海ブレント原油のスポット価格の1986〜99年平均で17.92ドルにとどまっていたのであった．

(2) 世界的産業再編成

　石油産業では，98年12月のBP（英）によるアモコ（米）の吸収合併の後，わずか半年足らずの間に5件のメガ・ディール（米エクソンの米モービル買収，BPの米アルコ買収，仏トタールのペトロフィナ（ベルギー）買収，トタールフィナの仏エルフ─アキテーヌ買収，BPアモコによるアルコ買収）が発表された．とはいえ，世界的な産業再編の動きは石油産業にとどまらない．クロスボーダーM&A（国際間の合併・買収）は，95年の1,991億ドルから98年には5,868億ドルへ増加，その後も高水準で推移している．そして，クロスボーダーM&Aのほとんどは米欧企業間のM&Aである．

　国内市場の成熟化のなかで，本業の拡大が限界に達した米国企業は60年代後半よりM&Aを通じた多角化路線に走ることになった．だが，多角化した多くの分野でも次第に日欧資本・製品との競合に遭遇，企業体全体の収益率が低下せざるを得なかった．一方，この間に，投資信託，年金基金など機関投資家の株式市場，株式保有における比重はますます増加，企業経営への影響力を強めていった．

　多角化部門の不振と機関投資家の企業業績・投資効率改善，株価改善への圧力により，米国企業は，経営戦略を従来の多角化・総合化路線から転換せざるを得なかった．すなわち，低収益部門のみならず，関連性の薄い部門をも売却，清算する（リストラクチャリング）一方，従来社内で行っていた業務の多くを専門企業にアウトソーシングし，中核事業にヒト，モノ，カネなどの経営資源を集中，投資効率，業績，株価の上昇を目指す「コア・コンピタンス経営」への転換である．90年代に入ってのIT（情報技術）革新は，産業技術面でそれを一層促進するものでもあった．ITとコア・コンピタンス経営の進展する米国，その産業・企業は，むしろ「大競争」を自らの収益性と競争力の強化に積極的に利用することに成功したのである．先進諸国を脅かす発展途上国の低賃金労働は，米国企業のグローバル・アウトソーシングの網に取り込まれ，コストの削減と収益性の向上に多大な貢献を行っているとさえいえよう．

近年のM&Aは，中核事業の規模の拡大により資本力，技術力，交渉力強化を行う一方，重複工程・事業，重複投資・費用などの削減によるコスト削減をもきわめて重視している．すなわち，IT技術革新を背景にした米国流のコア・コンピタンス経営が，国際M&Aを通じて，世界的規模で拡大しつつあるのである．米国企業が国際M&Aの中心となっていることは当然であろう．だが，米国企業との対抗上米国（型）企業化した欧州企業もその一方の中心となっている．また，国際M&Aを軸とする世界的な産業再編成は，各国内部の産業再編成を促進しつつあり，外資の進出がない場合でも，米国（型）企業への対抗上，経営方針を転換や業界の再編を余儀なくされている．99年以降，わが国においても産業再編成が急速に進展しているが，先進各国では，程度の差はあれ，同様の事態が進行しているといえよう．

(3) 石油産業の再編

　戦後の石油市場を独占的に支配した国際石油資本（メジャーズ）も，石油危機以降，産油国による現地法人国有化，事業参加などの進展で，中東など有望地域の石油利権を喪失，その影響力は急速に弱まった．これに対して，メジャー各社は，非OPEC地域における石油・天然ガス部門への投資を強化する一方，代替エネルギー部門への投資を拡大したほか，石油化学，省エネ技術開発，さらには，情報通信関連事業や流通業への投資をも拡大，エネルギーを中心とする総合企業を目指すこととなった．だが，80年代半ばの原油価格急落により上流部門の採算性が急速に悪化したばかりでなく，多角化の柱であった石油代替エネルギーの多くが赤字化，緩慢な石油需要増加のなかでの競争激化により先進国下流部門の収益性も低下，さらに，非エネルギー部門の業績も，競争の激化や技術革新の速さに対応できず，多くで赤字化したのであった．

　80年代の米国ではM&Aブームが活発化しており，石油会社もその対象となっていた．業績の悪化，投資効率の低さは株安と直結し，乗っ取り屋などによる敵対的LBO，M&Aの対象となりやすい．また，機関投資家の経営

への介入が次第に強まっていた．ここに，メジャーズ各社の経営戦略は，「選択と集中」のリストラクチャリング，コア・コンピタンス経営に向かうこととなる．より具体的には，非エネルギー部門からの撤退，本業の石油・天然ガス部門においても，下流では，製油所，給油所の閉鎖・売却，不採算地域からの撤退が進展，上流でも，米国など高コスト地域での探鉱・開発を抑制しつつ収益性の高い地域への投資配分を強化してきたのである．

90年代に入っても継続した原油価格の低位不安定は水平掘削技術，3次元探鉱技術など石油探鉱・開発技術の発展をもたらし，非OPEC地域の原油生産の低価格に対する耐久力を強化したが，一方でこれは国際原油需給の緩和状態を継続させることになった．また，冷戦の終焉による旧ソ連圏諸国の上流部門開放などを契機に，多くの発展途上産油国で石油探鉱開発への外資参入規制が緩和された．

先進国の石油精製販売部門においては，成熟化した市場への産油国国営企業や異業種などの参入が活発となり，激しい競争が継続した．また，90年代に入って，先進国においては，環境問題に対する意識が一層高まり，硫黄酸化物排出規制の強化などそれ自身は生産性や資本蓄積に寄与しない設備投資の拡大を余儀なくされることともなった．一方，アジアを中心とする新興市場経済諸国の急速な成長は同地域における石油需要の急拡大をもたらし，精製マージンも高水準が持続していた．

こうしたなか，メジャーズは，一般的に，バレル当たり18ドル前後の原油価格を基準に事業計画を策定，上流部門における技術革新・コスト削減により安定的な収益を確保しつつ，高い精製マージンの期待できる新興市場経済諸国における下流部門への投資を拡大する一方，欧州など先進国の下流では，リストラクチャリングや戦略的提携によってコストを削減，厳しい競争に生き残ることを目指したのである．さらに，中長期的な原油の供給確保のため，旧ソ連圏諸国や深海部などフロンティアでの探鉱・開発も行ってきた．だが，1997年7月以降のアジア通貨・経済危機を契機に原油価格は暴落，新興市場経済地域をはじめとする多くの地域では景気の悪化と競争の激化に

より，下流部門の採算性も低下した．さらに，石油化学などの部門の経営環境もきわめて悪化，メジャーズ各社は，ここに，一層の経営効率化・合理化を進展せざるを得なくなったのである．とはいえ，メジャーズ各社は，90年代に入り，製油所の閉鎖・売却による能力削減，給油所の閉鎖・売却，従業員数の削減，流通合理化などに取り組んできており，単独での合理化余地は少なくなっていた．実際，1996年には，BPとモービルが欧州の下流部門で（エクソン・モービル合併で解消），シェル，テキサコ，サウジアラムコが米国で，それぞれ「コスト共有，重複の解消，規模の経済性による効率性向上」(BP／モービル共同声明）を目指す戦略的提携を果たしており，中堅石油企業間ではM&Aも進行しつつあった．アジア通貨・経済危機とその後の原油価格暴落でこのような動きが一気に加速，メジャーズ間のメガマージャー（巨大合併）が連続することとなったのである．

1999年春以降，原油価格は回復したが，原油価格の見通しは不確実であり，主要消費地域である先進諸国の石油製品市場が成熟化するなか，企業間競争は将来的にも継続する可能性が高い．メジャーズはリストラクチャリング，コスト削減の手を緩めていない．

コア・コンピタンス経営に転じたメジャーズにとっての中核事業（コア・コンピタンス）は，いうまでもなく，石油・天然ガスである[4]．だが，中東等の産油国から排除された後，メジャーズのほとんどは，精製・販売部門に比べ石油開発・生産部門の割合が大きく下回るという状態が続いている．また，開発・生産部門におけるメジャーズの技術力はきわめて高いとはいえ，コストは油田の質そのものに依存せざるを得ない．投資効率の向上，収益性の引き上げのためには，低コストの石油・天然ガス資源の確保が不可欠である．そして，現在でも，それを豊富に所有するのは，中東を中心とする産油国なのである．一方，実質石油価格・収入の低迷が継続するなか，人口爆発の結果として，若年層を中心とする雇用不安が拡大，政治問題化してきた産油国では，財政支出の大幅削減が困難であり，財政危機が継続，石油開発投資資金が不足するという状況にあった．このため，90年代半ば以降，イラン，

イラク, クウェート, サウジアラビアなどにおいて, 一部の油田を外資に開放する動きがみられ, それをめぐって, メジャーズ, 独立系などさまざまな石油企業間の競合が強まりつつあったのである.

4. 負け組の産油国

(1) 高価格に依存した産油国の経済開発

　石油危機の過程で資源主権の確立と原油価格の大幅引き上げを実現したOPEC産油国は急増した石油収入を背景に経済開発を加速化させた. 経済開発計画の中心は, 石油精製, 石油化学, 鉄鋼, アルミ精練など低コストの自国エネルギー資源(石油・天然ガス)をベースにした輸出代替型重化学工業化[5]であった.

　産油国は石油モノカルチャーや外資依存からの脱却による自力開発を目指していた. 大幅に増加した石油収入はインフラストラクチャー整備や工業化のための資金となり, 自力開発の基盤となるという面を有していたことは間違いない. とはいえ, 産油国型の開発路線は結果的には経済の石油依存を一層強化することになったのである.

　1970年代の開発ブームによる商品経済の急速な流入は部族などを基盤にした産油国の伝統社会・共同体的関係に分解作用を与える一方, 都市の急拡大をもたらした. 人口の多い産油国の場合, 都市の拡大はスラムの膨張を伴うことがほとんどであった. 工業化の中軸となる重化学工業の雇用吸収力はもともと小さい. 建設労働者などへの労働需要は急拡大したが旧社会の分解はそれを上回っていたのである. そのうえ, 産油国における急速な開発, 都市化は経済のあらゆる分野でボトルネックを発生させた. 港湾, 道路, 水道, 電力の能力不足から水・電力・物不足が深刻となり, 先進国の工業製品値上げと重なり, インフレーションを激化させた. 国内におけるかかる社会問題の発生, 社会的緊張・摩擦の激化に対して, 産油国政府は補助金を含む広い意味での福祉拡大で対応する必要が生じた. それが不十分な場合はイラン革

命のような事態が発生する可能性もあったのである．工業化に加え福祉拡大の必要性は産油国の財政や国際収支をさらに圧迫することになった．産油国型の開発は高水準の石油価格・生産・輸出を産油国の経済構造にビルトインし，石油モノカルチャーを一層促進したのであった．

エネルギー集約型素材産業育成中心の工業化路線にも大きな問題があった．雇用吸収力が小さすぎるという面は別としても，その競争力は高水準の石油価格を前提にしているということである．すなわち，産油国の産業は建設費などの高コストを先進国に比しきわめて低廉なエネルギーコストでカバーすることによって競争力をもちうるが，これはOPECの市場支配力により先進国が高価格の石油・天然ガス等を購入せざるを得ないということを前提にしているのである．さらに，急速な増産がみこまれる産油国の製品は先進国をはじめとする石油消費国への輸出が目指されていたが，これは同地域での需要増加が前提となる．すなわち，高水準の石油・エネルギー価格というもう1つの前提と矛盾するのである[6]．

(2) 開発戦略の破綻とイスラム原理主義の台頭

OPECの市場支配力低下・価格低落によって高水準の石油価格を前提とするOPEC型開発戦略は破綻した．財政スペンディングを梃子に経済成長を実現してきた産油国では1980年代の緊縮財政により経済全般が不況に突入した．さらに，石油危機後の人口爆発の影響が加わり，大方の産油国では失業・過剰人口が深刻化している．産油国は中東経済の中核であった．周辺非産油国は産油国への商品・労働力輸出や産油国からの援助が激減，ここでも失業・雇用問題が深刻化，国民の不満は高まっている．このため，中東地域全般で，政治体制は不安定化し，いわゆるイスラム原理主義の台頭が著しいのである．

19世紀の終わりに始まった近代的なイスラム原理主義運動は，第2次大戦後，ナセル主義，バース主義などの世俗主義的なアラブ社会主義・アラブ民族主義に押されていたが，第3次中東戦争におけるアラブの大敗や輸入

代替型工業化の破綻のなかで，再び勢力を伸ばしはじめる．

少数派のシーア派主導であるとはいえ，イラン革命の成功は，アラブ・イスラム世界に大きな衝撃を与えた．イラン革命はイスラム革命であると同時に「スラム」革命でもあった．パーレビ国王の農業近代化と重化学工業化路線によって，伝統的な農村共同体が崩壊したにもかかわらず，非労働集約的な重化学工業部門には吸収されず，都市スラムでの貧困を強いられた民衆の怒りの爆発でもあったといえよう．

石油ブームの終焉による長期不況と人口爆発は，若年層を中心とした失業・雇用問題を深刻化させているばかりでなく，累積債務や財政危機による福祉関連予算の縮小から，国内の経済格差も拡大させている．社会主義や民族主義の破綻により，若年層や貧困層の多くはイスラム復興に望みを託す以外の道を見出せず，その一部が極端に過激化しつつある．失業・雇用問題や経済格差は，単に国内問題にとどまらない．イラクのクウェート侵略などの国際紛争も，対内的な不満の対外的転嫁という側面も強く，広く，中東地域全般の不安定要因となっているのである．

(3) 不確実な将来展望

先述のように，石油危機の背景には，消費国の石油・エネルギー大量消費によるOPEC・中東依存の高まりと経済開発・工業化を希求する産油国の資源ナショナリズムがあった．このうち前者について，確かに，先進諸国の石油・エネルギー需要は抑制気味となっているが，先進諸国の「大衆消費社会」は維持されていることから，製造業の海外移転・グローバル化によって，途上国の需要は急速に伸びており，その結果として，消費国は，埋蔵量が豊富でコストの低いOPEC・中東石油への依存を強めざるを得ない．旧ソ連圏諸国が復興過程に入るとこの傾向は加速化しよう．後者の資源ナショナリズムについては，OPEC・中東諸国にも外国資本導入の動きがあることから，沈静化しているかにみえる．だが，これは国内問題に対処するための財政支出の増加により石油開発投資資金が不足していることの裏返しに過ぎない．

国内政治状況によっては再び資源ナショナリズムが頭をもたげる可能性は否定できない．要するに，石油危機の背景となった要因はいまだ存続するのである．さらに，石油危機の直接的契機となったような政治的混乱が発生する可能性は非常に高いといわなければならない．

　中東における国内体制・国際関係の安定化には，工業化を軸とする国内開発による過剰人口の吸収が不可欠なのである．現在までのところ，発展途上国の工業化の成功モデルは，輸出指向型戦略しかない．だが，輸出指向型戦略の成功条件は賃金・福祉などの低コストである．産油国の場合，もともと人口が少ない国も多いうえ，体制安定のために，途上国としては手厚い福祉を提供してきた．結果として，相対的な高コスト構造が定着している．輸出指向型工業化に成功する可能性は非常に低いといわざるを得ない．最近，湾岸諸国をはじめとする産油国でも経済改革の動きがみられるものの，その内容は中途半端なものに過ぎない．また，同地域の政治体制は，多かれ少なかれ権威主義的性格を有しており，情報統制下にある．そのような社会でネットワークを軸とするIT化が進展するとも考えにくい．中東産油国は今後とも石油価格，石油収入に依存した経済運営を続けざるを得まい．そして，石油消費国はそのような諸国からの石油供給に対する依存を高めざるを得ないのである．

(4) 中東依存が上昇するアジア地域

　石油危機後，一時期低下したわが国を含むアジア地域の石油輸入全体に占める中東石油に対する依存度は，その後の急速な成長による石油消費の急増によって，再び上昇しつつある．

　米大陸にはメキシコ，ベネズエラなど主要石油輸出国が存在し，欧州にも北海，ロシアなどの主要輸出国が存在するのに対して，アジアの産油国，インドネシア，ブルネイ，中国などは，もともと規模が小さく，生産が伸び悩んでいるうえ，成長による内需の急増で，すでに中国は純輸入国に転落，インドネシアの純輸出も急速に減少しつつある．遠隔地からの輸入は輸送コ

ト負担が重くなり，経済性からみて，中東からの輸入がもっとも合理的なのである．この結果，1999年の日本の中東石油依存度は78.3 %，中国を除くアジア・太平洋地域の途上国のそれは75.0 %に達している（BP Amoco）．

　石油の需給は市場にまかせておけばそれでよいとの考えもあるが，やはり供給確保・安定化のための政策は必要であろう．わが国の石油供給確保策において，従来は自主開発（わが国石油会社による石油開発）が重視されすぎる傾向があった．だが，第1次石油危機において，米系メジャーが強い基盤を持っていたアラブ諸国の禁輸の対象になったのは米国である．自主開発だけでは供給の安定はもたらされない．本稿で述べてきたように，石油供給の安定には産油国の政治体制の安定が不可欠である．そのためには，工業化を軸とする経済発展・安定化が必要であろう．わが国をはじめとする先進諸国は，直接投資を含め，多方面から産油国の経済発展に協力する必要がある．また，米国や欧州諸国は産油国が自国の石油精製・販売部門へ参入することを認めてきた．相互依存関係の強化は，自主開発以上の供給確保策となる．規制緩和の進展により，わが国石油産業は急速な再編過程にある．石油会社にとって，供給確保ばかりではなく，経営基盤の強化の面からも産油国との連携が選択肢のひとつとなりつつある．産油国の参入要請があった場合，わが国としては，これを積極的に支援していく必要があろう．

注
1) 労組，社会保障，総需要拡大政策を三位一体とする福祉国家体制は耐久消費財需要を維持拡大するための大衆所得保障体制といってよかろう．冷戦体制下の米国ドル撒布による世界経済の拡大という有利な国際条件がこれと結びつき，日欧の耐久消費財産業導入を可能とした．
2) 岩﨑徹也『開発と石油の政治経済学—サウジアラビアと国際石油市場』学文社，1989年，第3章.
3) 南北問題に関しては，榎本正敏「戦後世界経済論の構図」（降旗節雄編『現代資本主義論—方法と分析』社会評論社，1983年，第2章）参照のこと．
4) 99年春以降の価格高騰は，米国における不採算製油所閉鎖や在庫の圧縮が大きな要因となっており，コア・コンピタンス経営がもたらした短期的な需給逼迫ともいえよう．また，2001年9月24日付の日本経済新聞によると，ロイヤル・

ダッチ・シェルは，2005年までの石油・天然ガス生産計画を縮小した．同社は石油開発で15％の資本利益率を公約としており，生産性の低い油田にまで手は出せないという．コア・コンピタンス経営では中長期の供給確保を重要な課題とすることは難しいということであろう．
5) 原油などを高付加価値のガソリン等に代替する．
6) 岩﨑徹也「エネルギー危機の実態―OPECの挑戦と挫折」降旗節雄編『世界経済の読み方』御茶の水書房，1997年，第6章．

第Ⅱ部

「環境の世紀」のエネルギー問題

第3章
日本の石油戦略

山田 健治

はじめに

　石炭から石油の時代へ，石油から天然ガスの時代へと，日本のエネルギー構造は大きく転換してきている．ある過去の予測によれば，21世紀には原子力時代，無限のエネルギーを利用できる核融合の時代に突入しているはずであった．

　エネルギーの転換は徐々にしか起きなかった．高温，高速，高圧，高純度というエネルギーの変換を技術的に解決することなしには，エネルギー源は転換しなかった．日本の天然ガスの利用は，LNG（液化天然ガス）に関係する技術の開花により達成された．発電用に輸入された高価な液化天然ガスが，石炭ガスを駆逐し家庭でも利用されることになった．いまや，発電所は発電効率を上げ，待機時間を減らすためにガスタービンを利用している．高温，高圧に耐える材料の進歩により，可能となったのである．

　過去を振り返ると，戦後の木炭コンロによる朝の湯沸かし，かまどによる夕食の支度，練炭火鉢による家族団欒，豆タドンによるこたつなどなど．石油ストーブの導入により朝の支度は楽になり，石油エンジン付きの自転車，オート三輪，電気洗濯機，テレビ，360ccの車の発売から1,000ccの大衆車の時代へ，現在の生活と比較すると信じられない生活であった．

　潤沢な石油を確保して日本の高度経済成長は実現した．戦後の外貨不足時代に石油を確保するのは，大変なことであったろう．石油コンビナートの建

設，コンベアラインに並ぶ家電製品と人，人の群れ．しゃにむに働き，商売をし，海外市場を開拓することが日本の生きる道であった．

1973年の石油ショック，1977年には石油ビジネスに失敗して商社安宅産業が解体，1979年の第2次石油ショック，イラン・イラク戦争とイラン石油化学にかけた三井物産への打撃にみられるように，石油の価格変動が巻き起こした経済変動に日本は翻弄されてきた．

1980年代後半から1990年代にかけての石油価格低迷により産油国，石油会社は大きく変貌してきた．潤沢な石油によりアジア経済を中心に高度成長が続いた．中国が大きく舵を自由化に向けてきり，石油輸入が拡大している．

また，一方では地球温暖化問題が焦眉の課題となり，環境保護運動の高まりとも相まって，石油開発への抵抗など，より環境を意識したエネルギー生産・消費が求められている．

原油，石油製品，天然ガスがないと日本は現在の生活水準を享受できない．そのことがわかっているにもかかわらず，石油や天然ガスを今後どう確保してゆくか，国民や国政のコンセンサスがとれていない．それどころか現在では，失業率5％に達する日本の政治や経済の運営に有効な緊急策がなく，日本は漂流している．

ひとたび明日のガソリンがない，食料がない，という状況になれば，日本は大パニックになるであろう．最悪の事態を想定して対応を考えるのが危機管理とすれば，何としても石油を確保することは食の確保と同等に重要である．

ここでは，過去の状況を振り返りながら日本が戦略的に石油を今後どのように確保すればよいのかを，日本人にとっての石油問題を再考することを通じて考えてみたい．

1. 石油戦略とは

(1) 戦略と戦術

　日本人は戦術（tactics）が得意であるが，戦略（strategy）は不得意であるといわれる．広辞苑によれば，戦術とは，「戦闘実行上の方策．一個の戦闘における戦闘力の使用法．一般に戦略に従属．転じて，ある目的を達成するための方法」である．これに対して，戦略とは，「戦術より広範な作戦計画．各種の戦闘を総合し，戦争を全局的に運用する方法．転じて，政治社会運動などで，主要な敵とそれに対応すべき味方との配置を定めることをいう」とある．また，松村劭は，「戦略は，戦場における勝利のためのリスクを最小限にするよう事前に準備し，また戦場における勝利の果実を最大限に活用する策略」であり，「戦術は，戦場において最大のリスクに挑戦し，最大の勝利を獲得するための術」と述べている[1]．両者を比較すると，後者のほうがより具体的な説明である．

　戦術とか戦略とかは，もともと戦争用語であるが，経済学のゲームの理論や経営学などでも「戦略」という用語が用いられる．戦後，日本では「外交戦略」とか「××会社の経営戦略」などという場面では使用されてきた．戦後の混乱期には，とにかくその日の糧を稼ぎ，目先の利益を追求することに追いまくられていて，果実を得るためにリスクを最小限にするにはどうすればいいかという長期的な思考にまでいたらなかった．モグラを叩くことに精力が投入され，いかにしてモグラを除去するか，どのようにモグラと共生するかという思考方法にいたらなかったきらいがある．

　石油についてみれば，石油は重要な「戦略物資」であるとか，第4次中東戦争（1973年）のときにアラブ側が「石油戦略」を発動したという使い方はなされるが，「石油戦術」という用語は使用されてこなかった．

　太平洋戦争に突入して，石油に飢える日本は，戦争継続に不可欠な（これなしには飛行機も，軍艦も，戦車も，工場も動かない）戦略物資である石油を

確保するためにインドネシアのバレンバンに進出したのである[2]．1973年には，西側先進国が中東の石油輸出国の石油に大きく依存する状況を，アラブ側は戦争の展開に有利に利用したのであった．

戦術や戦略の担い手は，企業や国家となる．したがって，企業の経営者や官僚や政治家が実際に戦術や戦略を立てて実行する主体となる．

(2) 石油戦術と石油戦略

1973年にはとにかく石油を確保することが最重要課題とされた．そのためには「アラブへの油請い外交」とか，高値でも石油を確保するために日本が石油価格を吊り上げたとか，これらの石油確保戦術への非難があった．また，自前の石油がないのは問題だとの観点から自主開発原油を増すために石油開発公団を通じての海外石油開発促進策がとられた．

もっぱら石油節約の途を探る，石油を世界からかき集める，などの下流部門の戦術的な緊急対応に対して，大所高所から見た長期的な日本の石油確保への整合的な取り組みは石油戦略といえた．たとえば企業と役所の波長が一致した省エネ投資の推進，石油公団赤字の原因となった日の丸原油開発への石油公団を通じた鉱区取得と探鉱投資，イラン石油化学への投資などが国家の重要戦略として実行された．

火事場の火消しとしての戦術はそれなりの効果を発揮したが，海外探鉱やイラン石油化学コンビナートへの投資は石油や政治情勢の変化もあり，結果的には大半が失敗に終わっている．もっとも失敗したことを非難するのは簡単であるが，それだけ大手石油会社がすでに鉱区を押さえている地域以外での探鉱・開発は条件が悪く，成功率が低いということも一因である（なかには健闘している海外探鉱・開発例もある）．

これに対して，日本の省エネ投資は成功例であり，燃費のよい自動車の開発・製造など，環境改善投資が省エネ投資につながった例など，国家戦略よりは企業戦術が成功したといえる．

一時，各国や各エネルギー関連企業が促進した代替エネルギー投資の大半

も，結果的には失敗している．石炭液化・ガス化事業，オイルシェール・プロジェクト，日本の自然エネルギー利用計画なども，石油価格下落と共に幻と消えた[3]．

企業や国家の石油戦略が成功するには10～20年先を見通す力が必要である．1973年以降には石油価格は1バレル100ドルにもなるとの予想もあった．100ドルになっていれば新エネルギー開発プロジェクトも開花していたはずだが，問題はどれぐらいのタイムラグで当時，石油需要が減少し，供給が増加するかを予想できなかったことである．

石油マーケットの変化や，原油から天然ガスへのエネルギー構造の変化，消費国がこれほどの石油消費抑制を行う等を見通せなかった．また，産油国が余剰石油ドルを有効に利用することがむずかしかったなど，産油国も消費国も政治，経済，エネルギー構造の変化と，温室効果ガス削減という地球環境問題の台頭を予測できなかったのである．

(3) 21世紀日本の石油戦略の問題点

2001年8月，小泉政権では経済構造の改革において金融機関の不良債権処理，各種公団の赤字，とりわけ石油公団の累積赤字が問題となっている．石油公団融資により開発した石油を日本へ輸入することを条件に開発に資金を投じるという融資方式は，世界石油マーケットを無視した開発方式であった．石油の交換（スワップ）や石油スポット市場が成長してきた現在では，大手石油会社といえども輸送コストを無視した石油貿易には耐えてゆけない．まして，日本の弱小石油会社はしかりである．

石油開発のリスクを問題とするならば，これまで産油実績のあった大手・中小石油会社が放出する鉱区を購入することも意味がある．しかし，イギリスやノルウェー北海で生産油田を取得し，そこから石油を日本に輸入するということは意味がない．

石油産業は上流部門（石油探査，探鉱，開発，生産）と下流部門（タンカー・パイプライン輸送，精製，ガソリンスタンドへの配給）に区分される．数々

の修羅場を潜り抜けてきた欧米石油会社はリスク分散を図って資金を両部門に適切に配分してきた．弱小な日本の石油会社は大半が下流部門中心である．軍事影響力を対外的に行使できない日本，国際政治音痴の日本政府の下にあっては，抜け目のない世界石油業界で日本石油会社の海外資金投入が成功するのは並大抵のことではない．

中枢となる大手石油会社がない状況で21世紀に向けて日本の石油戦略は一体どうあるべきか．また，日本のエネルギー・バランスの中で，環境問題と調和する観点からどうあるべきか，以下に考察してみたい．

2. 日本のエネルギー状況

日本の一次エネルギー総供給構成の推移をみると，次のようである（日本エネルギー経済研究所計量分析部編『エネルギー・経済統計要覧（2001）』より）．

第1次石油危機の1973年と約4半世紀後の1999年を比較してみると，日本の一次総エネルギー供給は1973年の3,200兆kcalから1999年の5,490兆kcalへと約2.10倍に増加している．

1970年の構成比では，石油77.4％，石炭15.5％，天然ガス1.5％，原子力0.6％，水力・地熱4.0％，新エネルギー等1.0％であった．1999年には，それぞれ52.0％，17.4％，12.7％，13.0％，3.8％，1.1％となっている．構成比からみると，石油は低下し，石炭，天然ガス，原子力は上昇している．

石油の輸入量を調べてみると1973年には原油輸入量は2億8,800kℓ，石油製品（燃料油）輸入量1,954万kℓであった．1999年には，それぞれ2億4,500kℓ，3,999万kℓとなっている．1998年の世界原油貿易量4,657万バレル/日に占めるわが国の割合は，アメリカ892万バレル/日（19.15％）についで436万バレル/日（9.36％）である．日本の輸入先としては，アラブ首長国連邦（UAE），サウジアラビア，イラン，クウェート（以上，中東地域より約70％），インドネシア，メキシコ，ノルウェー，ナイジェリアの順になっている．

天然ガスの輸入量を調べてみよう．1999年には，アメリカ，ドイツについで世界第3位の輸入国となり，総輸入量の14.2％を占めている．日本の天然ガス輸入は全量LNG輸入であり，1973年の年間236万トンから1999年には5,191万トンに大幅に増加している．輸入相手国と

表3-1 日本とドイツの一次エネルギー消費構成比

	日 本	ドイツ
石 炭	16.9%	24.6%
石 油	52.2	41.1
天然ガス	11.9	21.3
原子力	17.3	12.3
水 力	1.7	0.7

しては，1999年ではインドネシア，マレーシア，オーストラリア，ブルネイ，カタール，アラブ首長国連邦，米国（アラスカ）の順となっている．

石炭の輸入量については，1973年には年間5,686万トンであったのが1999年には1億3,268万トンにも増えている．輸入相手国では，1999年に豪州のシェアが60％にも達している．

1998年の日本とドイツのエネルギー構造を比較してみよう．上記の統計要覧より一次エネルギーの消費構成比を計算すると，表3-1のようになる．エネルギー消費構造の背後にあるエネルギー供給構造をみると，両国の差は次の理由によるであろう．すなわち，日本の一次エネルギー供給状況は，ドイツと比較すると石油と原子力への依存が高く，ドイツは石炭と天然ガスへの依存が日本と比べて高い．その理由は，ドイツが天然ガス産出国であるソ連に地理的に近いこと（パイプラインによる輸入）と欧州で最大の石炭確認可採埋蔵量を持つからである（『エネルギー・経済統計要覧』238ページ）．

3. 石油と環境問題

戦略的にも戦術的にも，石油をめぐる環境問題は重要である．長期的には，地球環境へのトータルな負荷を減らすこと，短期的には石油の利用効率を上げることが一国としても世界全体としても緊急課題である[4]．後述するように，日本はこの分野では地道な技術の積み上げによって省エネルギー技術開発と商品への組み込みで世界に大きな貢献を果たしてきた．

しかし，日本は製造（ハード）面での優位性があるものの，エネルギーを削減するために，取引などの制度（ソフト）面やシステム面の新たな取り組みでは遅れている．たとえば，インターネット技術の導入[5]や石油・ガス取引への金融デリバティブ技術の取り入れ[6]に関しては欧米に5年以上の遅れをとっている．

環境問題への対応は，ハードとソフトの両面から世界全体としてアプローチすることが重要である．日本は，どちらかというとハード面からの接近が得意であるが，今後ソフト面の充実が進展するといえよう．

4. 日本の石油戦略目標

中長期的にみた日本の石油・ガスの確保を次の3つの経済的視点より考える．第1は中長期的経済成長の達成，第2にはエネルギー利用と環境保全の両立，第3にはエネルギー構造変化への対応である．

(1) 中長期的経済成長の達成

現在，デフレ，失業，不況，マイナス経済成長など，これらの陰鬱なキーワードがメディアをにぎわせている．バブル時代には「こんなにうかれていていいのか？」「清貧の時代」などという言葉もみられた．しかし，経済が大きくならないとわれわれの生活が維持できないことはここ5年以上にもわたる日本のゼロに近い低成長をみれば明らかである．

環境や資源との調和を保ちながら経済を成長させるという「持続的成長」(sustainable growth) という言葉がある．現在の日本の状況では，持続的成長と人間を幸福にする経済が両立しているとは思えない．また，日本人がワークシェアリングをして，労働時間と所得水準をそれぞれ3分の1ずつ落としたとしても全員雇用が達成可能であるとは私は思わない．

経済が大きくなればそれだけ道路や鉄道のような固定設備の更新にも金がかかる．人口の高齢化に対応して老人介護施設の充実が不可避である．国民

が生きていくには経済がある程度の規模で成長することが必要である．

　中長期的に見て日本の経済成長が必要であるとすれば，その基礎となるエネルギー源や基礎資材として石油・ガスの確保が不可欠である．

　「清貧のすすめ」「粗食のすすめ」「帰農」「環境にやさしい田舎生活のすすめ」などなど，大変きれいで響きのよい言葉が一部の評論家の口からすらすらと発せられている．その本人が，その理想とする生活を実践しているのなら「なるほど」と納得する．しかし都市での生活によって所得を得ている人は，都市圏や近郊を離れては所得水準を維持できない．地に足がつかない夢の中の言葉で無知な人をだますような言動は慎んでいただきたい．日本全体で一体どれほどの人がそのような自然に満ちあふれた住環境と，高所得の維持という理想的な生活を両立できるのか？

　生活水準の上昇を志向せず，快適な生活を放棄して車にも乗らず，エアコンも使用しない，冷凍食品も使わないような人がどれほどいるであろうか？清貧に生きる人は理想であるが，現実には，大半の家庭が清貧を実現できないか，もしくは失業で清貧を強制されているからこそ，実現のむずかしい清貧生活がニュースになるのである．しかし，日本での理想の清貧生活が世界でも理想でありつづけるのか？

　大半の世界は「否」であろう．金はいくらあっても困るものではない．これと同じで，腹いっぱいに食べたい，すきま風の入らない家に住みたい，いい服を着たい，うまい酒を飲みたい，などなど夢を実現するために必要な所得は多いに越したことはない．

　個人の欲望充足と同様に，一国の所得水準，具体的には国内総生産（GDP）は大きいほうが[7]，より経済成長するほうが，望ましいであろう．

(2) 石油・ガスの役割

　われわれの生活の中で，石油やガスはどのような役割を果たしているのか？　経済学の基本は「希少な財（経済財）には正の価格がつく」，すなわち無限に存在するもの（自由財）には誰も金を払わない，ありがたみがない

ということだ．空気は人間の生活には不可欠だが，日ごろ金を払って空気を買っているわけではない．ペットボトルに入ったおいしい飲料水をコンビニで買う．すなわち，うまい水には値段がつく．

　まず，エネルギー源としての石油・ガスを考えてみよう．

　スイッチをひねれば電灯がつき，冷蔵庫を開ければ冷えたビールがある．現在では日本人の常識であるこの生活実態は，石炭やガスを燃焼させてタービンを回して発電された途絶えることのない電力供給に支えられている．キーを回せば動く自動車も絶えざるガソリン供給があってのことである．「石油の一滴は血の一滴」は死語になってしまったのか[8]．そうではあるまい，人は，死が近づいてこそ死神を見るのである．

　24時間運転される発電所，ピーク時に対応するガス火力タービン，停電時の非常電源としての自家発電機，外国との往来に使われるジェット機，船舶などすべて石油をベースに動いている．救急車，自家用車，トラックのガソリンやディーゼル油も含め，現代の世界を動かすエネルギー源である石油・ガスの役割を普段は意識しない．ガソリンが1リットル100円，ペットボトルの水が0.5リットル100円の現実をどう考えればいいのか．

　次は，基礎素材として石油である．コンビニで購入する水の入ったペットボトル，食品の入ったパック，ボールペンなどなどは石油から作られている．メールに使うパソコンのプラスチックケースもしかりで，現代工業の基礎は石油である．農業に使うビニールハウス，農薬もしかり，産業のすべての分野に石油製品は不可欠である．これらを木製品や窯業製品でどこまで代替できるか？

　再生可能資源である木材を利用した製品は，優雅で肌触りがよく人間の心をなごませる．しかしすべてを木製品に換えるわけにはゆかない．再生可能なスピードを上回って木材を伐採して製品化すれば森林資源は一挙に枯渇する．石油は再生不能資源であるから一度使用すれば終わりである．再生不能資源を次世代に残すことは大切だが，一体だれが，どのように，どれだけ保存することをきめるのか？　われわれは，石炭が石油より貴重であるからゆ

っくり消費して，次世代に意図して残そうと思っているのか？　いやそうではなかろう．石炭より使いやすいから石油を優先して使用しているし，ガスがきれいで便利になったから石油よりガスを使い，石油から生産された電気を使用してきたのである．

　以上みたように，石油やガスは中長期的な経済成長を達成するためには不可欠なエネルギー・素材である．日本にとってこれを国民が支払える価格で，必要量を，必要なときに入手できるようにすることは，きわめて重要な戦略の1つである．

(3)　環境保全との両立

　戦後日本経済は，石炭から石油へのエネルギー転換を図り，石油の利便性を最大限に活用して工業化のメリットを享受してきた．その過程で，四日市ぜんそくとして知られるようになった二酸化硫黄排出による公害問題を引き起こした．石油火力，コンビナート，自動車の燃料などから硫黄酸化物や窒素酸化物が大気中に排出され，汚染問題が深刻になった．

　汚染物質排出への個別規制，総量規制，燃料中の硫黄含有量の削減などに対して，巨額の公害防除投資が行われた．規制値も徐々に厳しくなってきている．窒素酸化物やディーゼルエンジンからの粒状排出物（パーティキュレイト）規制も同様である．

　石油にからむ環境保全は，石油産業の上流部門（探査，探鉱，開発，生産）と下流部門（輸送，精製，配給），さらには石油製品の消費やライフサイクル（一生涯）まで対象とされるようになってきた．海洋油田掘削中の事故による石油流出，新潟沖でのロシアタンカー事故のような原油流出による海洋汚染，石油系製品ごみの海洋投棄による汚染，パイプライン破損による原油流出，内陸部にある工場からのオイルの流出による河川への汚染，廃油投棄による汚染など石油に関係する汚染は枚挙にいとまがない．

　石油開発が進む極地のツンドラの保護など，野生生物保護からみた自然環境保護も大きな関心事である[9]．

さらに，地球温暖化の一因となる二酸化炭素排出削減が世界的な課題となっている．便利な石油の利用には，今度はいかにして二酸化炭素排出を少なくするかという課題[10]との両立が求められている．

石油税をかけて値段を上げ石油消費を抑えるとか，走行距離当たり二酸化炭素排出の少ない車種を税金面で優遇するとか，二酸化炭素を排出しない太陽光発電，風力発電を推進する政策をとるなど，さまざまな方策が考えられる．

いずれにしても，戦略的に環境保全と両立するように石油利用を進めざるを得ない．なぜならば，地球環境が激変するようだと人類が簡単に環境に適応できないからである．地球温暖化により海面が上昇するといわれているが，島嶼国家の生存が脅かされるとか，気候変動により旱魃が発生するとか，経済，環境，人口，政治などへの大きな影響が予想される．現在，温暖化が原因で災害などが発生すると確実に因果関係を立証できるわけではないが，予防のための対応が求められ地球全体として温暖化に取り組もうとしているのである．

(4) エネルギー構造変化へのスムーズな対応

戦後，経済を重工業化する過程で，日本の主たるエネルギー源は石炭から石油へ転換された．国内炭坑の閉鎖が続き，大変な苦渋をもって海外より石炭を輸入する一方で取扱いが容易な石油エネルギーへの転換が進んだ．

高度経済成長期には地域環境問題の深刻化により，電力会社は石油から硫黄含有量の低い天然ガスへ燃料転換を進めることになった．当時としてはコストの高い液化天然ガス（LNG）への転換は大英断であった．結果として，電力会社とガス会社が協力して日本の天然ガス時代は開花することになった．

エネルギー源は，歴史的にみると木材から石炭，続いて石油，天然ガスという炭素含有量のより少ないものへ転換している．もっともその国の経済状況，資源賦存状況などにより主要エネルギー源は異なる．これに対して，自然エネルギー源では水力，風力，地熱，太陽エネルギーの利用が進んできた．

さらに，原子力エネルギーの利用も進み，一時は原子力時代に入り人類はエネルギー制約から解放され，近未来には核融合時代へ突入し無限のエネルギーを手に入れる日も近いとの声もきかれた．

　だが，旧ソ連のチェルノブイリ原子力発電所事故により，広域放射能汚染被害が起きるとか，放射能汚染物質の管理，貯蔵問題が不安の種となり，原子力発電への信頼性を損なうこととなった．

　現在でも炭化水素，とりわけ輸送燃料の石油への依存は高く，船舶，自動車，飛行機は石油により動いている．最近では，地球温暖化問題への対応のため，水素やメタノールやガソリン系燃料電池を搭載する自動車，天然ガスを利用した CNG 自動車など，次世代自動車の開発が世界中で進んでいる．技術革新の進捗状況，大量生産によるコスト削減，長期使用への信頼度向上など，実用化への課題は多い．

　移動体燃料の石油への依存は今後も続くが，環境保全の必要性に対応したエネルギー構造への転換が求められる．とくに，天然ガスの利用がますます高まり，輸送技術の革新とともにパイプラインによる輸送の一層の拡充が必要になる．外国ではガスパイプラインによる長距離輸送が常識であるのに対して，日本では敷設が高価であるため，長距離パイプラインは未整備である．しかしながら，新たなエネルギー源の利用には新たな輸送インフラと利用技術が必要である．

　エネルギーが天然ガスへシフトしている現在，日本は戦略的にガスインフラの整備のために制度改変が求められている．

　また，①天候に左右される自然エネルギーの使用を戦略的に増やす，②集中型の電力供給から弾力的な分散型の供給を増やす，③従来の地域や業種の壁を乗り越えて需給を調整する，ためには，制度面や経済面のインセンティブが必要となる．逆に，お上の命令に従えばリスクと責任は回避できるという態度は捨て，エネルギーの需要者と供給者が市場の参加者として自己責任意識を確立（経済性と安全性の同時追求）しなければならない．

5. エネルギー・環境・食料の相互関係

　人類の生存には生命体を維持するための食料，さらに暑さや寒さから人間を守るためのエネルギーが必要となる．農耕時代の自然エネルギーから産業革命時代の石炭エネルギーを経て，人間の生活にはさまざまなエネルギーがかかわってきた．他方，食料・エネルギーの増産・利用拡大が人類の生存と両立できるものでなければならない．

　ここでは，この三者間の相互関係を簡単に見てみよう．もっとも食料はマルサスの示唆するように人口と密接に関係しているので，以下では食料について注目する．

(1) 食料生産と環境負荷

　増え続ける世界の人口を飢えさせないため，美食を求める先進国の要求を満たすためにも，世界の食料生産も増加しなければならない．もっとも，戦争などで地球の一方で穀物がなくて餓死する人々がいるのに対して，他方では穀物が採れすぎて価格が低下し生産者は廃棄したり生産制限しているのが現実である．また，残留農薬基準を設定するなど，安全性を重視した食料生産も課題である．

　廃棄する食料を飢える者にまわせばいいと考えられるが，輸送費用を誰が負担するのかが問題である．政府は国際価格より高い米価で購入した国産米をコストをかけて貯蔵しているが，国内では古古米を市場に出せないので，捨てるよりはよいとして輸送費をかけて無償援助にまわすのではないか．できるだけ多くの食料を被援助国にまわすには，国際価格で安価な米を購入して援助するほうがよいであろう．

　食料生産には，ふさわしい土壌と気候の状況に加えて水と灌漑施設，種，肥料，農薬，労働人口，農機具，農機具を動かす石油などが必要である．これまで農業生産性を上げるために灌漑施設を整備し，肥料，農薬，農機具を

投入してきた．肥料や農薬の多消費による増産は，水資源の枯渇，土壌の質（地味）の低下，土壌流失を引き起こすと考えられる．一般的には，食料生産が増加すれば環境負荷が増加する関係があるといえよう．

農業生産は，環境を保全するよりも収益を上げることに重点がある．日本でも都市近郊農業は，土地を集約的に利用しハウス栽培などで農薬，肥料を集中的に投入して利益を上げてきた．農業の環境負荷を何で測定するか問題だが（土壌流出量，肥料投入から排出される窒素化合物の量など），より低い環境負荷で食料を増産する努力が求められている．

(2) 食料生産とエネルギー投入量

これまでの議論よりわかるように食料の土地生産性を上げるには，エネルギーをふんだんに使うような農機具を使用することになる．とくに，先進国の農業は日本の米作で見られるようにトラクター，田植機，稲刈機，脱穀機，精米機などの利用が進み，きわめて資本集約的である．当然機械を動かすのに必要な石油エネルギー集約的な農業となっている．

このような状況では，食料生産増加にはエネルギー投入の増加が不可欠である．労働が豊富で賃金が相対的に安い地域では，労働の投入が進み労働集約的な農業となるであろう．どこまで，自然エネルギーを利用した省エネルギー食料生産が可能となるのか？　また，近年問題となっている河川水資源の不足，地下水の枯渇などもどうするかが問われている．

(3) 環境負荷とエネルギー投入

エネルギー多消費型の農業が進めば，機械化による耕作地の増加は容易であり，利益が上がるならば耕地面積の拡大は進むことになる．ブラジル・アマゾンの開発は機械化により進み，熱帯雨林の侵食は急速に拡大する．

耕地面積の急激な拡大により，土壌の侵食や地下水への肥料の浸透による水質汚染などの環境負荷が高まるのである．自然エネルギー利用を進めるようなリサイクル型で省エネルギー，節水型農業技術が進歩すれば，環境への

負荷は少なくなるかもしれない．

　以上の関係は，エネルギー，環境，人口，技術などの要素が絡み合っていて食料生産に複合的な影響を与えている．技術の進歩が遺伝子操作による種の改良であれば，環境への別の長期的な負荷の発生，人体への影響などが心配される面もある．

6. 世界に貢献する日本の石油戦略

　日本はどのような石油戦略をとれるのか．

　極東に位置する日本は，小さな領土に比してきわめて巨額の国内総生産を享受する特異な国ではないだろうか．また，戦後，世界にもまれな実戦経験を欠いた「絵に描いた自衛力」を持つ日本が他国に伍して存続してゆくためには，常に他国の利益を考えながら自国の利益を追求せざるを得ない．すなわち，相互利益が生まれるような場を設定しながら日本の利益を実現するように行動することが必要である．

　戦後の日本の通商史を見ると，1970年代までは資源を輸入・加工し，海外へ販売して所得をあげてきた．もちろん涙ぐましいがんばりがあって今の日本が実現している．その後，高付加価値商品の生産，1980年代の製造業の対外直接投資の成果が実り，現在の海外所得を生み出している．しかし，1990年代後半は不動産・金融・保険・証券業を中心としてバブル経済の後遺症に苦しみ，製造業は中国に，IT製造業は台湾・韓国に，ソフトはアメリカに優位を奪われ，これまでのような日本経済の全方位優位の構造は崩れてしまっている．さらに，日本は，国内の金融・証券・保険業をはじめとするサービス経済の構造転換に苦慮し，労働市場に発生する大量の失業者に茫然自失の状態である．

　このような背景の下，世界に貢献する日本の石油戦略は何をポイントとすべきであろうか．日本はこれまで全方位外交であった．石油危機の時には中東に油を求める外交をし，中東の政変に巻き込まれてイラン石油化学プロジ

ェクトで失敗した[11]．その後，石油価格が下落した逆石油危機にサウジが日本に下流部門の進出を狙った時の交渉は不調に終わっている．中国の渤海湾の石油開発では，有望鉱区の探査・探鉱をのがし，外国企業に有利な契約を奪われた．

他方，日の丸原油を夢見て日本の海外石油探鉱を支えてきた石油公団は，財政赤字のため解体の危機にさらされている．官主導の石油戦略で成功してきた面もあるが，その評価は大変むずかしい．逆にいえば，それほど石油戦略というのは，短期間における投入された費用と得られた利益との比較がむずかしいのではないか[12]．

ここでは，今後の長期にわたる日本の石油戦略のあり方を極東地域の安定，世界の安定にどう貢献するかという観点から考察してみよう．

(1) 極東の安定を高める石油戦略

極東には，石油資源を海外に依存する日本，韓国，台湾という高付加価値製品を輸出する国と，未開発な石油・ガス資源に富む中央アジア・極東ロシア，エネルギーに飢える中国がある．日本・韓国・台湾は国内に天然資源を持たない石油輸入・消費国[13]であるがゆえに，輸出主導型の産業構造になった．ロシアは外国企業の資金・技術を借りてサハリンのガス開発を手始めに，巨額の開発費を必要とする東シベリア石油・ガス開発に乗り出したところである．

中国の西部地域の石油開発は進みつつあるが，経済発展の著しい沿海部のエネルギー需要が高まり，石炭から石油・ガスへのエネルギー転換もあって，長距離輸送が必要な内陸部の開発に加えて消費地にも近接する大陸棚の石油・ガス資源の探鉱，開発を進めている．同時に，海外の石油資源，とくに中央アジアやロシア東シベリアの資源にも手を伸ばし，共同開発やパイプラインの敷設投資を行いエネルギー確保に向かっている．

エネルギー確保に狂奔する中国は，南シナ海ではベトナムをはじめとする周辺国と，東シナ海では日本などと境界紛争を引き起こしている．いずれも，

炭化水素資源が埋蔵されている海域である．

東シナ海については，問題はハードの開発技術ではなく，国際間の法律をはじめとする制度面の国際協力体制である．中国，台湾，韓国，北朝鮮，日本の間でどのように帰属する海洋資源の分割を進めるかである[14]．現在の日本にはこの海域の分割にイニシアティブをとる外交能力はない．中国は日本との境界へ向けて探鉱を進めているし，境界海域に探査船を派遣してきて日本へ何とかせよとのボールを投げているが，日本は受け身一方である．

紛争の危機を避けるには，交渉のプロに頼んで手数料を支払って決着をつけることも有効である．この場合のプロとは，交渉にたけた欧米系の石油会社とその背後にある政府である．もっとも支払う手数料はきわめて高くつくのではないか．戦争のできない日本，この種の交渉能力に欠ける日本にとって，極東の地域紛争を避ける平和の代償として資源から得られるであろう収益の一部を差し出すのは仕方がないのではないか．

中国とロシアの進める石油・ガス開発事業に参加することは，日本にとり大きな意味がある．石油やガスは輸送手段が解決しないと生産できても消費地には届かず，市場性がないに等しい．ヤクーチャ天然ガスや中央アジアのガスを中国や韓国に，さらに日本に輸送するパイプラインの建設に資金を拠出するのも意味のあることだ．サハリン天然ガスの日本へのパイプライン輸送計画は，この試金石ではないか．極東の安定には，中国とロシアがバランスして経済発展することが重要であり，同様に韓国などの極東地域の経済が安定することが必要である．経済が停滞する日本ではあるが，これに対する安全保障費としての資金分担を積極的にすべきである．まさに，長期的視点からみた21世紀の日本の石油戦略の一環ではないか[15]．

(2) 世界の安定を高めるための日本の戦略

極東の石油戦略は，地域の石油・ガスの生産・消費の安定性を高めるためのものであった．日本は世界の石油，ガスの安定性を高める協力ができるであろうか．戦後の日本の石油開発への関わりをみても，世界の各地へでかけ

て上流部門で活躍できるノウハウや人的資源育成にあまり成功しなかった．これはリスクをきらう日本の経営者や政府の態度が影響しているのではないか．日本のオーストラリアの鉄鉱石や石炭の資源開発協力はまがりなりにも成功しているのに対して，弱小企業の多い日本の上流部門の石油会社では，欧米の巨大石油会社に肩を並べるフロンティアでの開発への投資はむずかしい．

　開発には巨額のキャッシュフローが必要である．収益性の落ちた油田を売却して収益性の高そうな部門へ資金を投下するのは，欧米の石油会社が得意とするところである．日本は，実績のある油田を購入して操業するような収益性は低いが確実な投資に活路を見出せるのではないか．北海などの安全な油田を買収して世界の石油開発の資金源となるという戦略もあるのではないか．

　また，エネルギー燃焼に伴って発生する排出物削減への環境投資は日本の得意分野である．省エネ投資や環境投資技術の開発は，日本の製造業の高度化にも合致する．ハードに密着した利用技術の開発こそ，ハードの価値をより高めるものである．

　このような欧米石油会社との買収交渉のノウハウの蓄積は今からでも可能ではないか．ただ，残念なのは日本の金融業界にはエネルギー関連へのプロジェクト融資の実績が欧米系銀行に比較すると圧倒的に少ないことである．

　単なるハード面の製造は中国へ移転している．ソフト技術を付加した高度な製品の製造，新技術を内蔵した製品の投入や，省エネ技術，環境技術に関する人材養成を通じた技術移転が，日本にとり世界に貢献できることではないか．

　日本の石油会社による石油掘削リグから華々しく石油が噴出することは少ないかもしれないが，ハード技術をベースにして世界的に石油・ガス供給の安定性を高めるための貢献はできるのではないか．

おわりに

　この章では，日本が実行できる石油戦略について述べた．第1に，21世紀においても石油・天然ガスの重要性は続くこと．石油とガスを安定して確保することなしには，日本国民の生活は向上しないことである．第2には，日本にとって石油・ガスを取り巻く地域紛争リスクを抑えることの重要性である．とくに，極東地域のガス資源開発をめぐる交渉については，安全保障確保のためにも交渉能力に欠ける日本は，欧米に交渉手数料を負担しなければならない．第3の石油戦略として，日本が世界エネルギーや環境保全のために貢献することの重要性である．省エネ，環境保全のハード技術を中心に技術や製品の開発，さらに世界に向けての環境技術移転のための人材養成に資金や人材を投入することが，日本が世界に向けて今後一層実行すべきことである．

注
1) 松村劭『戦争学』文春新書，1998年，12ページ．
2) 石井正紀『石油技術者たちの太平洋戦争―戦争は石油に始まり石油に終わった』光人社NF文庫，1998年．
3) 中井多喜雄『新エネルギーの基礎知識』産業図書，1996年，第3章．
4) たとえば，石油をはじめとする資源生産性を10倍にして地球環境を保全しようとするファクター10運動（F. シュミット＝ブレーク著，佐々木建訳『ファクター10―エコ効率革命を実現する』シュプリンガー・フェアラーク東京，1997年）．
5) ジョセフ・ロムほか著，若林宏明訳『インターネット経済・エネルギー・環境―電子商取り引き（EC）がエネルギーと環境に及ぼす影響のシナリオ分析』流通経済大学出版会，2000年．
6) ピーター・C. フサロ編著，イー・アソシエイツ・椎名照雄監訳『エネルギー・デリバティブの世界』東洋経済新報社，2001年．三菱総合研究所オイル・フューチャーズチーム『変貌するオイルマーケット―特石法廃止と先物市場の衝撃』時事通信社，1996年．
7) もっとも，現在の国内総生産には天然資源の価値が正当に評価されていないという批判はある（前掲，シュミット『ファクター10』262～257ページ）．

8) われわれの目にみえないところでは、文字通り熱を「しゃぶりつくす」努力がなされているのである（柏木孝夫ほか『エネルギーシステムの法則』産調出版、1996年、138ページ）。エネルギーの特徴については、久保田宏編『選択のエネルギー』日刊工業新聞社、1987年。
9) たとえば、山田健治『国際石油開発と環境問題』成文堂、1997年。
10) たとえば、温室効果ガスの排出量取引については、S. オーバーテュアー、H.E. オット著、（財）地球環境戦略研究機関訳『京都議定書——21世紀への国際気候政策』シュプリンガー・フェアラーク東京、2001年、第15章参照。
11) 読み物としては、高杉良『バンダルの塔』講談社文庫、1984年。
12) 海外石油開発においては華々しい成果は少ないが、下流部門においては石油共同安全保障論の成果といってもよい石油備蓄への取り組みある。これは、世界的にみて1973年の経験より得られた共同合意によるものであろう。詳しくは、吉田和男『安全保障の経済分析——経済力と軍事力の国際均衡』日本経済新聞社、1996年、255ページ。
13) 石油消費国は産油国の石油生産能力の拡大を支援・促進するために、投資や技術移転をどうするかが求められている（John V. Mitchell *et al.*, *The New Geopolitics of Energy*, The Royal Intitute of International Affairs, 1996, p. 178）。
14) たとえば、山田健治『資源開発と地域協力』成文堂、1991年。
15) サハリン・イルクーツク・日本を結ぶパイプライン構想については、「サハリンから天然ガスパイプライン／日本に2008年供給」『日本経済新聞』（2001年6月13日）、『アジアエネルギー共同体』特別取材班『海峡の世紀が終わる日』講談社、1998年、馬野周二『石油危機の解決——日本のエネルギー・システム』ダイヤモンド社、1980年、最首公司・村上隆『ソ連崩壊・どうなるエネルギー戦略』PHP研究所、1992年を参照。

第4章
欧州の「脱石油」政策に何を学ぶ

則長　満

はじめに

　90年代後半以来，アメリカ主導のグローバル経済化が世界経済で進展している．この傾向が続いた場合，アメリカ主導のグローバル経済化＝石油大量消費型経済の拡大であるため，ますます世界の石油消費量は増大していくだろう．しかも，ブッシュ政権は2001年5月に発表したエネルギー政策で，2000年の原油価格高騰，2001年のカリフォルニアの電力危機を背景に，石油開発の拡大，石油消費の増加傾向につながる政策を選択しようとしている．そうなれば，石油の大量消費によって，地球環境問題の悪化は免れない．
　石油は，2度の世界大戦によって戦略物資となり，主要国が中心となって，開発，生産が進められた．とくに，1930年代以降，メジャーによる中東での大量発見と大量生産によって，石油は世界中に安価で利便性のあるエネルギーとして浸透しはじめた．石油は，ヒト・モノを動かす交通機関の動力源，産業界，家庭での熱源，電力の発生源として，20世紀には不可欠の商品となった．とくに，戦時中に始まった石油化学工業を中心に重化学工業の拡大と消費財の大量生産，大量消費に貢献し，石炭に代わるエネルギー革命を引き起こし，1967年にはエネルギー源の第1位[1]となった．まさに，「石油の世紀」であった．
　たしかに，石油は人類の経済発展に大きな貢献を果たした．しかし，70年代，ヨーロッパを中心に公害問題が発生する．石油中心の化石燃料の燃焼

で大量の汚染物質が人類に降り注ぎはじめた．石油の「負の貢献」である．ドイツではシュバルツバルト（黒い森）が窒素酸化物，硫黄酸化物による酸性雨によって枯れはじめ，全森林の50％以上が被害を受け，スウェーデンでは4,000以上の湖沼が酸性化し，魚が住めなくなった[2]．80年代から，ヨーロッパのみならず国境を越えて汚染が拡がり，まさに地球規模での汚染，また90年代には二酸化炭素排出による地球温暖化を含めた地球環境問題が叫ばれはじめた．現在，世界の消費エネルギー[3]は，石油換算で約80億トン，100年前に比べると約50倍，戦後の50年間の伸びは約5倍に急増している．その40％を占めているのが石油である．石油の消費が進めば，たしかに経済は発展する．しかし，それだけ地球の汚染は拡がる．

したがって，21世紀はいかに石油を使わずに，地球を汚染しないで，人類が暮らしていくか，「脱石油」を進めるのかが人類に課せられたテーマである．そのテーマに，率先して取り組んでいるのがヨーロッパである．世界に先駆けて，公害を経験したヨーロッパは，その取り組みも世界の最先端である．本稿では，このような視点から，現在ヨーロッパは「脱石油」にどのような取り組みをしているのか，日本はその解決に向けてどのように進めているのか，日本としては何ができるのか，地球市民としてのわれわれ個人はどうするべきなのかを探っていきたい．本稿での「脱石油」とは，具体的に何を指すのかを限定する．ここでは，一次エネルギーにおける石油依存からの脱却を意味する．つまり，いかに石油に頼らずにエネルギーを調達するのか，いわゆる新エネルギーへの移行である．現在，欧州はエネルギー・シフトを模索して積極的に取り組んでいる．

1. 欧州は「脱石油」をどのように進めているか？

(1) スウェーデンの取り組み

最初にスウェーデンの取り組み例[4]を示す．スウェーデンの南部に位置するスモーランド地方の中心都市，ベクショー市では，「化石燃料ゼロ」の目

標を掲げ実行している．まず，2010年までに市内の二酸化炭素排出量を1993年比50％削減の目標を掲げた．スウェーデンでは，市議会，市当局，地域エネルギー公社，地域企業，学校，教会，地域住民と地域を構成するさまざまな分野の人々が参加し地域主導の脱石油政策が進められている．

では，「化石燃料ゼロ」宣言とその実際の動きはどのようなものだろうか？ ベクショー市はアジェンダ21の行動計画にしたがって，エネルギーと交通政策に力を入れ，1996年11月にこの宣言をした．その中心が，化石燃料を使わずに，発電と熱供給をするバイオマス・エネルギー[5]の利用である．脱石油を森林資源によるバイオマス燃料で行うものである．1996年にバイオマス関係の地域企業7社（後に述べるVEAB社，木材産業関連2社，バイオマス・コンサルティング会社2社，バイオマス装置企業2社）が出資をして，バイオマスグループという会社を設立した．目的は大学や企業の研究開発に投資を行ってバイオマスの利用を促進することである．そして，このグループが全面的にバックアップをして，地元にあるベクショー大学にバイオマス研究グループを設立した．市は政府からも，2002年までの3年間で約15億円という基金の獲得に成功した．「化石燃料ゼロ」宣言の実行の中心が，VEAB社という地域のエネルギー会社である．この会社は市が株式を所有し，市議会議員が理事を務めている営利企業である．バイオマス燃料を用いた熱電併給システム（コージェネレーション）と地域熱供給を併用し，21万kWの熱供給能力と3万kWの発電容量をもち，約5万人，2万5,000世帯にエネルギーを供給している．1997年の実績では，新鋭設備を増設し，木質バイオマスの燃料比率が95％に向上した結果，エネルギー部門の二酸化炭素排出量は急速に減少している．

人口が5万人と規模が小さいので可能なシステムかもしれないが，地の利を生かした画期的なシステムで，市はさらに「化石燃料ゼロ」を目指して活動を活発化している．この背景には，70年代前半に公害が起こりはじめ，1972年に「国連人間環境会議」がストックホルムで開かれ，反原発首相が誕生，世界初の原発国民投票を行った経歴も関係している．環境問題が叫ば

れるなか，1992年リオデジャネイロで開かれた地球サミットで採択され「21世紀に向けた人類の行動計画」であるアジェンダ21[6]が大きな動機となった．これは，環境問題に対してさまざまな主体が協力して社会的な障害を克服していく新たな社会的アプローチを要請しており，地球サミットの代表的な成果である．そのアジェンダ21がもっとも重視しているのが自治体の役割で，スウェーデンは忠実に守り，国内に288ある自治体のすべてが何らかの形でアジェンダ21担当のスタッフと予算を持ち，取り組みを進めている．しかも，同国では，日本にありがちな中央政府の「命令」や「指導」でアジェンダ21に取り組むのではなく，自主的に取り組んでいる．日本と異なって，地方がこのような課題に熱心に取り組む背景には，スウェーデンの地方自治体が高い自治性をもっているためだといわれている．各自治体は徴税権をもち，環境保全と健康維持への責任を有し，エネルギー，廃棄物，上下水道，公共交通を所管しており，環境と健康保護法，都市計画と建築法，化学製品法などといったいくつかの法の執行機関である．

では，中央政府はどうしたか？　政府は地方が行動しやすいようにバックアップを行っていた．1992年，環境省はアジェンダ21をスウェーデン語に翻訳し，「地方自治体協会」と若者主体の環境NGOである「q2000」，そして「スウェーデン自然保護協会」の協力を得て，すべての自治体に配布した．1993年春からは，環境省と地方自治体協会との共催でアジェンダ21の必要性を訴える地域会議を全国で次々と開催した．1994年，1995年と政府は財政援助として約2億7,000万円の基金を準備して「アジェンダ21フォーラム」を開催してPRに協力した．1996年には，ペーション首相による「エコロジー先進国宣言」が行われ，政府の長期的な政策のプラットフォームとして「エコロジカルに持続可能な発展への代表団」が政府内に形成された．アジェンダ21の行動計画の策定作業がほぼ完了した1997年には，それを実行計画に移行させるために，約800億円という巨額の環境投資基金を設置することを政府は発表した．このように，地球サミット以降，政府はアジェンダ21をめぐって大胆で積極的な支援策を繰り出していった．

第4章　欧州の「脱石油」政策に何を学ぶ　　77

(2) ドイツの取り組み

　2番目にドイツの取り組み例である．ドイツは，はじめに，で述べたように，シュバルツバルトが枯れはじめた経験を深刻に受け止め環境問題に真剣に取り組みはじめた．とくに，1980年代後半から二酸化炭素による地球温暖化問題が顕在化し，コール首相（当時）は何らかの対策を施すことを迫られていた．1987年当時，ドイツでは，全エネルギーの86％が化石燃料に依存していた．コール政権は，そのような状態が続けば，この化石燃料からでる二酸化炭素は，近い将来必ず深刻な問題に発展すると考え，化石燃料依存の体質からの脱却[7]を図るために，自然エネルギーを推進することにした．自然エネルギーのなかでも，風力発電に力を注いだ．風力発電は技術的にももっとも実用性が高いと判断したからである．政府は，1989年に10万kW計画としてスタートさせたが，目標はすぐに達成され，新たに2.5倍の発電量である25万kWを5年間で達成することを目標にした．しかし，風力発電には2つの大きな問題点があった．1つは自然エネルギー共通の大きな問題であるが，常に風力が安定しない点である．もうひとつは風力発電のコストがまだまだ高いという点である．ドイツ政府はこの2点をどのように解決したのであろうか？

　最初の問題である風力の不安定問題に関しては政府は民間調査機関のISET[8]にどうすれば不安定性を解決できるのか，調査を依頼した．結果，風車1台だけに注目すれば，風力は非常に不安定で，安定した風力を発生させることはできないが，ドイツ全体に設置した風車160基について平均すれば，安定した風力を発生することが可能であることがわかった．すなわち，数の多さが不安定性を克服するのである．ドイツ内陸部では風は弱いが北西部の沿岸部では非常に強い風が吹いているためである．その結果，ドイツは自信を持って推進を決定した．2001年6月現在，風力発電量は総発電量のうち，わずか2％の610万kWで，そのうち，約300万kWを買い入れているドイツ最大の電力会社RKW社の技術者は，「需要に応じて火力，水力，風力など使い分けるのは手間がかかるが，これまでトラブルを起こしたこと

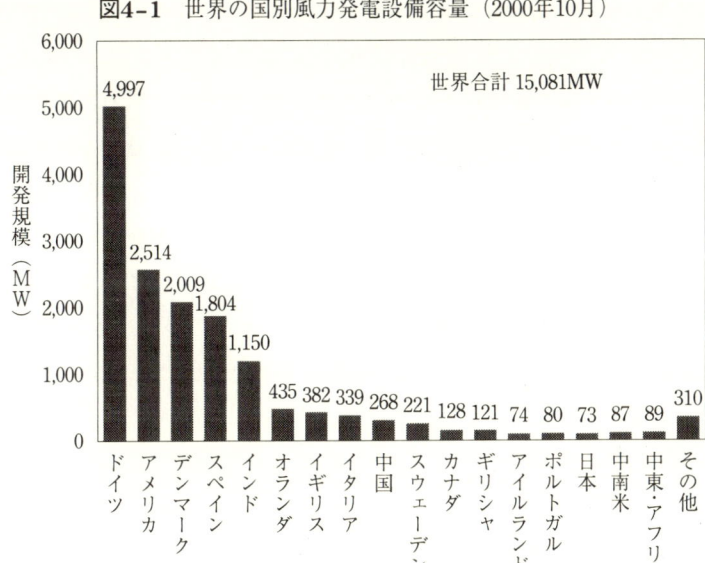

図4-1 世界の国別風力発電設備容量（2000年10月）

世界合計 15,081MW

国	開発規模（MW）
ドイツ	4,997
アメリカ	2,514
デンマーク	2,009
スペイン	1,804
インド	1,150
オランダ	435
イギリス	382
イタリア	339
中国	268
スウェーデン	221
カナダ	128
ギリシャ	121
アイルランド	74
ポルトガル	80
日本	73
中南米	87
中東・アフリカ	89
その他	310

出所：日本エネルギー学会誌，2001年3月号，132ページ．

はなく順調である」と述べている．

　第2点は，自然エネルギー推進にとって最大の問題の風力発電コストである．いくら地球に優しいとはいってもコストが高ければなかなか実行に踏みきることはむずかしい．そこで，ドイツでは，民間が風力で発電した電気を電力会社に高い値段で買い取らせる法律を連邦議会の議員たちが制定し，1990年10月，「電力買取法」を成立させた．火力発電の燃料費相当分は当時，1kWh当たり6ペニヒだったが，電力会社は風力で発電した電気を16.61ペニヒで買い取る義務が生じた．その結果，ドイツ全体で風力発電機を設置する数は急激に増えて，2001年2月現在で9,300基と世界1となった．風力発電で生じた電力量[9]は，90年に48MWであったが，99年，約80倍の3,817MWになった．これは，自然エネルギー電力の3分の1を占め，二酸化炭素削減量は2000年度で約700万トンにも達した．

　もちろん，電力会社は大きな負担を強いられることになる．たとえば，風

の強い，風力発電の盛んなシュレスビヒホルスタイン州の電力供給会社のシュレスバーグ社の場合，経営負担は91年には4億マルクであったものが，97年には68億マルクの負担となった．そこで，政府は，風力発電が電力会社に嫌がられるのを懸念し，一部の電力会社のみに負担を強いるのを避けるため，2000年4月に「再生可能エネルギー法」[10]を制定し，全国の電力会社にコストが均等に配分されるように配慮した．さらに，消費者にもそのコストを引き受けさせるために，電力料金への転嫁を認め，ドイツ電気事業者連合会のデータによれば，2000年のデータで3人家族の場合，月60円ほどの負担になっているという．これは，電気料金の1.5％になる．このように，ドイツは政府の主導によって，また，議会の努力によって，国民の実行によって着実に自然エネルギーへのシフトを成功させている．

(3) デンマークの取り組み

3番目にデンマークの例[11]をみよう．デンマークは2度のオイルショックによって，エネルギー政策を変えた．81年のエネルギー政策ではまだ，石油代替に原子力を必要とした．しかし，85年には原子力のオプションを放棄し，90年に「エネルギー2000」という政策を打ち出した．これは，2005年までに総エネルギー消費量を15％以上削減し，再生可能エネルギーを5％から10％に増やしながら二酸化炭素の排出量を20％以上削減し，2030年には，二酸化炭素の排出量を半減，再生可能エネルギーの全エネルギー中30％以上にする政策である．当初，この政策は産業界に衝撃を与え，猛反対を浴びた．しかし，環境NGOや市民からは広範な支援を受けて，議会で承認された．さらに，この政策手段が目標達成に不十分であることが明らかになると，94年には「エネルギー2000フォローアップ」が公表され，95年末には「デンマークのエネルギー未来」と題する政府報告がなされ，96年には，EU統合や気候変動枠組み条約等，国際環境を変化を考慮しながら，エネルギー2000の効果を検証し，再生可能エネルギー，効率化の促進と目標を高めた「エネルギー2001」にバージョンアップさせた．「エネルギー

2001」の具体的な目標としては，2030 年までに，①二酸化炭素の排出量を 1990 年比で 50 ％削減を行うこと（輸送部門の二酸化炭素の排出量を 25 ％削減すること），②エネルギー消費量を 90 年比で 25 ％削減すること，③再生可能エネルギーの使用比率を一次エネルギー全体の 35 ％にすることである．この目標を達成する具体的な政策手段としては，①再生可能エネルギーへの政策手段，②省エネルギー，エネルギー効率化への政策手段，③輸送部門への政策手段と 3 つに分かれているが，ここでは，①の再生可能エネルギーへの政策手段をみよう．第 1 がバイオマスによるコージェネレーションの推進である．2005 年までにすべての廃棄物埋め立て場で生じたバイオガス利用をすること，新たな天然ガス導入はできるだけバイオマスに転換すること，エネルギー作物の実証開発プログラムを進めることとなっている．第 2 が風力発電の推進である．洋上風力発電の推進を図り，2008 年までに 75 万 kW，2030 年までに 400 万 kW の発電を行い，さらに家庭用風力発電を推進するとなっている．ただ，デンマークはエネルギー 2001 で掲げた 2005 年までに 150 万 kW の風力発電を導入する目標をすでに 99 年に達成していた．第 3 に太陽熱利用の推進．第 4 に地熱利用の推進．第 5 に地域が主体となって自然エネルギーシステムへの社会的実験を行う．

　デンマーク政府は，このように次々と政策を立案し，実行に移すために，いろいろなアイディアを生かしたシステムを打ち出している．まず，省エネルギーを行って最終エネルギー消費を減らそうという目標のために，77 年に一般家庭だけを対象にしたエネルギー税を導入した．80 年代半ばにも，電気料金の 50 ％以上に相当する 7 セント／kWh（約 7 円）というエネルギー税を一般家庭に導入し，大きな効果を示した．93 年には炭素税を導入した．一般家庭では，二酸化炭素 1 トン当たり 100 クローネ（約 1,500 円），産業界は，50 クローネ，エネルギー多消費産業は 35 クローネであった．これはうまく機能しなかったために，96 年はじめから産業界に対しては新しい環境税を導入した．

　さらに，「アグリーメント」というシステムがある．これは，政府が二酸

化炭素の削減やエネルギーの効率化を進めるために,政府と「アグリーメント」を交わした企業のエネルギー税に対して減税を行うというものである.たとえば,「アグリーメント」を交わした企業は,二酸化炭素1トン当たり3クローネ(約50円)であるのに対して,交わしていない企業のそれは,1トン当たり25クローネにもなる.家計に関しては,電気製品を購入する際の「エネルギーラベル」がある.これは,冷蔵庫,冷凍庫,洗濯機,乾燥機,皿洗い機に対して,エネルギー効率のいい製品から順にAからGに分類された「エネルギーラベル」が表示され,D以下は販売禁止の対象とし,企業に努力を要請し,家庭にも効率的に買わせようという試みである.

新エネルギー導入に関する工夫をあげれば,二酸化炭素排出量の取引と自然エネルギーの発電量の取引である「グリーン証書」という2つのメカニズムが導入された.とくに後者の場合,デンマークでは家庭から産業まで電力需要者は,自分の電力消費量に対して毎年政府が定める一定の割合で「グリーン証書」を購入しなければならない.この割合が電力分野における風力発電や太陽光発電による自然エネルギーの導入目標となる.99年の割合は約10％で,2003年には20％を目指している.さらに,「グリーン証書」は「グリーン証書取引市場」にて売買できる.この制度は早速ヨーロッパ各国に拡がる様相を見せており,自然エネルギー普及制度に新たなシステムを付け加えた.

2. 日本は現在「脱石油」をどのように進めているのか?

(1) 政府の取り組みの現状

最初に新エネルギー導入への取り組みの現状を政府,地方公共団体,民間の3点からみていく.政府はどのように取り組んでいるのか? エネルギーは,国民生活や経済社会活動の基盤をなすものであるが,日本ではそのすべての基盤であるエネルギーの大半を海外からの輸入に依存している.同時に,国際的な取り決めであるCOP3による要請である地球温暖化防止のため

の二酸化炭素の排出削減や供給の効率化に向けた取り組みも求められている．これを背景に日本政府は，環境保全や効率化の要請に対応しつつ，安定的なエネルギー供給の実現を日本のエネルギー政策の基本理念[12]としている．

実際の新エネルギーの導入量では，80年代に原油換算600万kℓに達した後は，600万kℓから700万kℓの間（総供給量に占めるシェアは1.1％前後）で伸び悩んでいる．したがって，政府の「長期エネルギー需要見通し」では，2％程度の経済成長と既定の施策の実行を前提とした基準ケースとさまざまな対策を追加した場合の対策ケースが示されている．基準ケースでは，2010年度の新エネルギー導入量は原油換算で940万kℓ，一次エネルギー総供給量6.93億kℓの1.3％にすぎないと予測している．しかし，対策ケースでは，一次エネルギー総供給量6.16億kℓの3.1％にあたる1,910万kℓを目指している．これは，96年度実績値の2.8倍であるが，量的には，ヨーロッパに比べるとかなり低い．

98年6月，COP3の合意を踏まえて「長期エネルギー需給見通し」が改定され，政府は98年9月に「石油代替エネルギーの供給目標」を改定した．それによれば，2％程度の経済成長とすでに定められた施策の実行を前提とした基準ケースとして，2010年度の最終エネルギー消費量を原油換算で4億5,600万kℓとし，二酸化炭素予想排出量を炭素換算で3億4,700万トンと予測した．しかし，COP3の目標を達成するには，つまり，90年レベルの二酸化炭素排出量に抑えるために，日本は，2億8,700万トンに抑えなければならない．それには，6,000万トンの二酸化炭素排出量を削減する必要がある．この削減方法の1つは，省エネルギーにより，最終エネルギー消費量を削減することであり，もうひとつは，化石燃料に代わる原子力[13]や新エネルギーの利用拡大の必要性がある．

政府は，目標達成のために省エネルギーでは，98年に「省エネ法」を制定し，エネルギー大量消費工場の効率改善を徹底すると同時に，自動車や家電については，もっとも効率の高い製品を省エネの基準とするトップランナー方式を採用した．新エネルギーに関しては，95年「地域新エネルギービ

ジョン策定等事業費補助金」制度を発足させた．新エネルギーには，一定の地域を中心とした分散型エネルギーとしての特性があるため，その促進を目的としたのである．97年4月に「新エネルギー利用等の促進に関する特別措置法」（いわゆる新エネ法）が制定され，同年6月に施行された．さらに，「国の事業者・消費者としての環境保全に向けた取り組みの率先実行のための行動計画」，98年には，「地球温暖化対策推進大綱」を決定した．それに基づき，公共施設での太陽光電池，公用車へのクリーンエネルギー自動車等，エネルギー利用者の債務として，自ら政府も率先導入をしている．通商産業省における新エネルギー関連予算は，1997年度560億円，1998年度748億円，1999年度875億円，2000年度925億円と年々増加し，4年間でほぼ倍増したがEU予算（10兆円）とは比較にならない．

(2) 地方公共団体の取り組み

次に，地方公共団体の取り組みをみてみよう．近年，地方公共団体においても新エネルギーに対する関心が急速に高まっており，積極的に新エネルギーを導入する動きが活発化している．前述の「地域新エネルギービジョン策定等事業」の実施数は，2000年6月現在で，44都府県を含む288の地方公共団体に及ぶ．この数字は，スウェーデンでアジェンダ21に取り組んでいる地方公共団体数と同じであるが，日本全体の地方公共団体数3,300の8.7％にしかすぎない．実際には，地方公共団体の官庁舎や学校等公共施設への太陽光発電，清掃工場での廃棄物発電，福祉・厚生施設等への天然ガスコージェネレーション，公用車へのクリーンエネルギー自動車の導入などを進めている．太陽光発電の場合は，自治体の6割がその促進を主とする条例や行動計画を持っている．

具体的な地域の例をあげれば，北海道では，「省エネルギー・新エネルギー促進条例」を制定し，原子力を過渡的なエネルギーとして位置づけ，省エネ，新エネをあくまでも促進させようとしている．群馬県，名古屋市，神戸市では住宅用の太陽光発電システム設置費用の補助と利子補給制度を実施し

ている．熊本県では，風力・太陽光発電を設置する市町村に対して補助金制度を設けている．滋賀県新旭町では，制度のみならず環境意識をもった人材，自然エネルギーによるまちづくりを担う人材育成を目指す「自然エネルギー学校」[14] を2001年8月から，自治体として初めて開いた．太陽光や風力による発電，バイオマスエネルギーなどについて講義だけでなく体験学習も交えて学んだ．この新旭町では，2000年に自然エネルギービジョンを策定，太陽，風，バイオマスといった自然エネルギーを活用した町づくりを目指している．

(3) 企業はどんな取り組みをしているか？

では，日本企業はどんな努力をしているのか？[15] これまでは環境対策，公害対策は企業にとって，日本経済の急速な発展の「負の遺産」を解消する後ろ向きの努力だった．しかし，90年代の後半以後，不況が続くなか，日本企業は環境対策を前向きに，ビジネスとしてとらえている．大量生産，大量消費，大量廃棄社会から，循環型社会構築へというパラダイムチェンジが，日本企業で行われようとしている．廃棄物の減量やリサイクルなどの環境対策を戦略的に企業経営として取り込み，そこから利益をあげていく環境経営に取り組む企業が増えている．いわゆる環境マネジメントである．風力発電や太陽光発電を取り入れてアピールする企業も増えてきた．風力発電の導入[16]は，日本全体で，91年から96年までの5年間で約0.1万kWから約1.3万kWへと約13倍に増加している．なかでも民間企業による導入がもっとも多く，155基中81基である．民間企業のなかでも大部分は電力会社で56%を占めている．96年には電力会社に売電する目的の風力発電会社も現れている．

企業の環境経営への関心は，環境マネジメントの国際規格である「ISO14001」を取得する企業の数[17] に表れている．2001年6月末時点で，日本のISO14001の取得数は世界1で，世界総数3万303件のうち，約22%の6,648件である．ここ1年で登録数が約2,700件増加し，多い時には1カ月

で 400 件もの登録があった．ISO14001 は環境対策と企業経営を融合し，環境負荷の少ない企業活動を続けるのが目的であり，取得以後も厳しい検査が続けられる．

さらに先進的な企業は，「連結環境マネジメント」というワンランク上の取り組みを進めている．これは企業グループ内で環境マネジメントを共有化し，グループ全体で環境対策に取り組むことでグループ全体の環境リスク回避を狙うものである．このような企業の活動[18]は企業評価に直結し，社会に向けて公表を始めた．その手段が，環境報告書作成や環境会計公開である．2000 年度，環境報告書公表企業は約 430 社，環境会計導入企業は 2001 年 3 月末で，約 350 社，1 年前に比べると 10 倍以上に増えている．このような企業行動の背景には，法規制の強化がある．循環型社会形成推進基本法が 2001 年 1 月に完全施行され，大量生産，大量消費，大量廃棄社会からの脱却と循環型社会の形成に向けた基本的なルールが示され抜本的な環境構造改革が進められている．このなかで事業者は「拡大生産者責任」を負い事業者は使用済み製品に対して回収やリサイクルなどの責任を持つ．企業は，作りっぱなしができなくなった．しかし，まだまだ新エネルギー導入の実績値は，ヨーロッパに比べると非常に低い．

3. 日本が取るべき「脱石油」政策とは？

(1) 欧州と日本の新エネルギー促進比較からの分析

日本と欧州の代表的な国の再生可能エネルギー（太陽・風力・バイオマス・地熱・水力）の導入目標と導入促進策[19]について比較検討してみよう．EU 全体をみると，エネルギー供給ベースで，再生可能エネルギーは，95 年実績の 5.3 ％から，2010 年には 11.6 ％を導入目標としている．発電ベースでは，95 年実績の 14.3 ％から，2010 年には，23.5 ％を目標としている．これは，97 年 11 月に発表された欧州委員会の白書によるものである．

ドイツでは，91 年に制定された電力供給法（EFL）に基づいて，電力会社

に対して販売量の5％を上限に再生可能エネルギー発電施設からの電力購入を義務づけた．購入価格はエネルギー源によって異なるが99年の風力購入価格は16.5ペニヒであった．買い取りに関する政府からの電力会社への補填はなく，全額電力会社の負担である．さらに，議会は2000年2月，再生可能エネルギー電力の購入負担をすべて系統運用者でシェアすることなどを定める新法案（REL）を承認し，5％上限の撤廃と固定価格での買い取りを義務づけた．

イギリスでは，発電電力量ベースでは96年実績で1.6％だったが，2010年導入目標は10.0％としている．89年電力法に基づいて，再生可能エネルギーについて競争入札を行い，落札したプロジェクトからの再生可能エネルギー電力の購入を地域配電会社に対して義務づけた．その際，地域配電会社による購入価格（落札価格）と市場価格との差は政府が化石燃料課徴金収入により補填する．電力販売量の一定割合を再生可能エネルギーとすることを義務づけ，そのための手段として取引可能な再生可能エネルギークレジット[20]を導入する制度への移行を決定している．

デンマークは，ドイツ，イギリスよりも，一層の再生可能エネルギーを導入しようとしている．エネルギー供給ベースでは，すでに96年実績でも7％に達しているが，2010年目標値は17～19％，発電電力量ベースでは，96年実績9％を34％に目標値を設定している．92年には，風車法を制定し，電力会社に対して，風力による電力について固定価格（32オーレ/kWh）での購入を義務づけている．さらに風力発電事業者に対して27オーレ/kWhの補助金を給付している．また，デンマークでは電力自由化のなかで電力会社に対する固定価格での購入義務から，消費者に対しても，電力消費量の一定割合を再生可能エネルギーから購入するよう義務づけ，そのための手段として取引可能な再生可能エネルギークレジットを導入する制度への移行を決定している．石油輸出国であるイギリスも含めて，いずれも，政府主導による再生可能エネルギーの導入への意欲が感じられる．

さて，わが日本ではどうか？　日本では，ヨーロッパにみるような法によ

る再生可能エネルギー買い取り義務はなく，電力会社が自主的に買い取るにすぎない．事業目的の風力発電は，余剰電力購入長期契約メニューを設定し，優遇価格（11円/kWh）で長期間（15～17年）の買い取りを実施している．再生可能エネルギー発電事業者に対して設備投資費補助を行うが，電力購入における価格補填は行っていない．

　太陽電池の場合，主に補助金の導入による技術開発や建設費補助と電力会社による自主的買い取り制度が加わって，導入は進み世界最大の太陽電池の普及となっている．しかし，これも，政府の財政難も加わり，年々規模が縮小していることは，残念である．私自身も，太陽電池を導入しようとしたが，建設費補助などが縮小されており，コストなども考えて，「よし，それでは……」とは，いかなかった．このように，日本と欧州を比べてみると，失われた10年を過ごしてきた日本の経済状態と冷戦終了後の経済安定期のヨーロッパという差はあるにしても，政府の意気込みに大きな違いを感じざるを得ない．

（2）税制による促進

　ヨーロッパのように政府の強い政策主導で，大きな方向転換は可能である．日本は，戦後復興を成し遂げ，経済最優先で突っ走ってきた結果，公害をはじめとする経済成長の負の遺産を抱えている．その背景には，生産者重視の経済を優先させてきた税制がある．GDPというものさしで先進国度が測られるので，日本は，生産性の低い農業から生産性の高い工業へのシフトを促進させ，自然破壊を放置したまま，工業国への道を一心不乱に突き進んだ．その1つに，生産者が，工業化に必要な労働力を確保するため，その住居を確保し，都市化を促進した固定資産税[21]がある．高度成長期以降，上がり続ける土地の値段とともに市街化区域の中にある農地が次々と失われた．勤労者の住宅取得を容易にする名目で開発促進の税制による誘導がなされた．市街化区域内にある農地に宅地並みの固定資産税を課し，優良な宅地をつくるために農地を譲渡する場合は所得税を軽減するなどした結果，都市部にあ

った農地は次から次へと住宅地になっていった．

　もうひとつの例は，減価償却である．この考え方は，生産者にとって，大量生産，大量消費の時代には，都合のよい考え方である．製品，モノは，年数とともに傷んだり衰えたりで，その価値は低下していく．これらの製品，モノの寿命は，それぞれによって異なるのは当然である．しかし，生産者が製品を作る際に使用する機械などは大蔵省が省令で決定する．「減価償却の耐用年数に関する省令」がそれである．製品，モノの寿命はこの省令によって耐用年数表として発表され，これに基づいて価値が下がった分は損金として課税の対象から外される．国税庁の発表によると，平成 11 年度の減価償却費の損金算入額は約 42 兆円である．法人にかかる税率は，国と地方と合わせて約 40 ％になり，もしも，減価償却費の分にも税金がかかるとすると，その額は約 17 兆円になる．もし，耐用年数が短く設定されていると，企業としては，ある生産に使用する機械の購入費用を短い期間ですべて損金として処理できる．一方，企業側が，その機械を購入しなかった場合は課税所得がそれだけ多く加算されて，税金を納めなければならない．つまり，新たな利益を生むために設備投資を行って損金とする方が効率的である．耐用年数が短いほど，新しい設備投資を促す．このように，税制の工夫で，お金の流れは当然のこと，国の姿まで大きく影響を与えることができる．50 年先を見越した努力は，大きな変貌を生む．

　では，日本はどうすればいいのか？　これまで，新エネルギーの導入をめぐって，ヨーロッパの経験から，制度・システム・政府の決断力・アイディアの重要性をあげてきたが，日本が取り組める余地，努力の余地はまだまだ残されている．過去の流れからいうと，第 1 次石油ショック以後，日本の民間企業を中心に「省エネ」への努力はすばらしく，公害対策では，主要国のエネルギー消費原単位[22]で世界 1 の成果をあげた．98 年，GDP ベースで日本経済が世界経済に占めるシェアは 14.4 ％，アメリカは 26.8 ％である．ところが，一次エネルギーの消費量は，日本が石油換算で世界の 5 ％，アメリカは 25 ％である．言い換えれば，GDP 1 単位当たりのエネルギー消費

量で日本はアメリカに比べてほぼ3分の1の水準にとどまっている．もし，日本並みの産業活動，生活様式を世界全体が導入すれば，現在でもエネルギー消費量，とくに一次エネルギーの消費量がほぼ3分の1に低下するという[23]．米国式が世界を席巻すれば，エネルギー消費量は1.2倍必要になる．日本が取り組むべきは公害対策で培ってきた技術力をさらに発展応用させて，環境対策面で世界をリードすることである．新エネルギーの開発には力を注ぐべきである．とりわけ，開発が進み実用化が1日も早く望まれている燃料電池分野は，環境問題解決への近道である．

　燃料電池は二酸化炭素などの地球温暖化の原因となる物質の排出を抑制できるだけでなく，価格変動の大きいガソリン消費量も抑制できる．2000年の原油生産量の半分弱が自動車用ガソリンに消費された．発電分野では世界でも主要な石油火力発電の代替になる脱石油の切り札的存在である．このため，自動車分野での開発が90年代に活発化した．カリフォルニア州は1月下旬，自動車メーカーに対して2003年までに州内で販売する自動車の10%を低公害車に切り替えることを義務づけた．この動きをみて，日米欧のメーカーは燃料電池車開発に拍車をかけた．すでにダイムラークライスラー[24]は，実験用の燃料電池車を日本の公道で走らせた結果，二酸化炭素排出はほぼゼロでNOxもゼロという結果がでている．自動車で燃料電池が普及すれば装置の小型化や低価格化が進み，事業者や家庭の分散電源として，使用される可能性は高い．日石三菱[25]はすでに2月から横浜市にある自社設備の電源として，燃料電池を使う実験を始めた．経済産業省の研究会の予測では，燃料電池車は国内で2010年に5万台，2020年には500万台になるという．まだまだインフラや水素をどう調達するか等の問題は多くあるが，日本はこの分野に官民協力をして，重点的に取り組むべきである．そして，燃料電池の先進国となって，世界の環境問題解決に大きく貢献すべきである．

おわりに

　滋賀県は，市民レベルの環境意識が高いといわれ，1980 年には琵琶湖の水質保全を定めた「琵琶湖条例」が施行された．しかし財団法人滋賀産業支援プラザの県内中小企業（製造業）345 社を対象にした新エネルギー実態の調査[26]によれば，太陽光発電に関してでも導入済みはゼロ，将来導入したいが 24.5 ％であった．一方で関心がない，わからないと答えた企業は69.8 ％に達している．導入促進に何が必要かの問いかけには，システム価格の低下と性能の向上が 66.2 ％，政府や自治体の取り組み，税制，法律の改正を望む企業が 31.6 ％であった．風力発電に関しては，導入は同じくゼロ，将来導入したいが 8.8 ％，関心がない，わからないが 78.3 ％であった．導入促進に必要なのは，システム価格の低下と性能の向上が 25.1 ％，政府，自治体の取り組み，税制，法律の改正を望む企業が 59.9 ％であった．

　この結果から考えられることは，第 1 に，導入済みが太陽光発電，風力発電ともにゼロであるということから，環境意識の高いといわれている滋賀県でも企業レベルでは新エネルギー導入の実績がまったくないということである．第 2 に，関心がない，わからないが 7 割以上もあるということから，たしかに現在の不況を考えると，企業側に余裕がないかもしれないが，いかに PR 不足であるか，企業人が関心をもっていないかがわかる．第 3 に，本稿の目的である政府自治体の取り組み，税制，法律を改正して，導入を促進してほしいと望んでいる企業が多いかがわかる．次に，一般（939 名），学生（291 名），エネルギー関連有識者（187 名），合計 1,417 名に対して行った財団法人社会経済生産性本部の「暮らしにおけるエネルギー利用に関するアンケート調査」によると，太陽光発電，風力発電に関する認知度は，一般学生ともに 7 割〜 8 割以上であるが，その他の新エネルギーであるバイオマス，コージェネレーション，燃料電池，廃棄物発電などの認知度は 35 ％以下と低く，グリーン電力基金については，一般の 7 割，学生の 8 割以上が知ら

なかった．導入促進に必要なものは，国や自治体による積極的な導入，48％，国による設置者への補助制度，34％，消費者による自主的な購入，利用は7％であった．

このように，企業，個人ともに，悪くいえば，他力本願ではあるが，国や自治体の取り組みや，制度，法律の改正を望む回答が非常に高い．欧州並みに，日本も早急に対策に取り組み，新エネルギーの導入を促すべきである．また，燃料電池の開発に重点的に取り組み，環境問題解決の先進国となって世界をリードし，21世紀の日本の役割を明確にすべきである．企業はあらゆる形で環境意識を高め，「地球益」を意識したグリーングッズを生産し，消費者は，他力本願にならず，前向きに新エネルギー導入に協力し，少し高くてもグリーン企業からのグリーングッズを選択購入し，そういう企業へのグリーン投資を行う．さらに政府はグリーンな生産者，グリーン投資には，優遇税制を行うなど政府，企業，個人が一体となって欧州が先行する脱石油社会の構築へ努力をするべきである．

注
1) 日本石油株式会社『石油便覧1994』燃料油脂新聞社，1994年，5ページ．
2) 富舘孝夫・木船久雄『最新・エネルギー経済入門』東洋経済新報社，1994年，148ページ．
3) エネルギー教育研究会編『講座 現代エネルギー・環境論』電力新報社，1997年，12ページ．
4) 飯田哲也『北欧のエネルギーデモクラシー』新評論，2000年，第2章．
5) バイオマスの総エネルギーに占める割合は，1970年に9％にすぎなかったが，1997年には19％へと倍増している．
6) 国連アジェンダ21，第28章第1節参照．
7) ドイツ政府は，ここで，発電時に，二酸化炭素を出さないといわれる原子力発電には依存しなかった．その背景には，1986年にソ連で起きたチェルノブイリの原発事故がある．1989年以来ドイツでは新規の原子力発電所は建設されていない．
8) ISETとは，Institut für Solare Energieversorgungsttechnik の略で，太陽エネルギーテクノロジー研究所のことである．
9) 毎日新聞ホームページ，http://www.mainichi.co.jp/eye/feaure/details/science/Earth/200009/03/01.html
10) NHKホームページ，http://www.nhk.or.jp/special/libraly/01/I0002/I0210s.html

11) 前掲, 飯田『北欧のエネルギーデモクラシー』第6章.
12) 新エネルギー財団ホームページ, http://www.nef.or.jp/
13) 原子力に関しては, 日本政府は世界の趨勢とは逆の方向に向かっており, 高速増殖炉「もんじゅ」の事故や茨城県東海村における2名の作業員の事故死にもかかわらず, 原発建設推進政策を続けている.
14) 日本経済新聞, 2001年8月4日朝刊.
15) 日本経済新聞, 2001年8月15日朝刊.
16) 前掲, 新エネルギー財団ホームページより.
17) ISO WORLD ホームページより. http://www.ecology.or.jp/isoworld/iso14000/registr4.htm
18) 消費者側もこうした動きには敏感になってきており, 環境に配慮する企業, 製品を積極的に購入しようとする「グリーン購入」も増えてきた. また, 環境対策に積極的な企業に重点的に投資しようとするエコファンドも活発で, 2001年7月現在で1,200億円以上に達している.
19) 柏木孝夫「再生可能エネルギーの国際情勢と我が国における展開」『国際資源』(国際資源問題研究会, 2001年2月号), 5ページ.
20) 電力会社は一定の割合で, 再生可能エネルギーからの電力を購入しなければいけないが, その際, 一定の割合に達するため, 実際の電力を購入するか, 一定の割合に相当する政府の発行したクレジットを購入すれば, 義務を果たせる.
21) 日本生態系協会編『環境教育がわかる事典』柏書房, 2001年, 78～79ページ.
22) 1973年から1988年の比較でいうと, OECD平均が0.55から0.41に対して, 米国は0.59から0.44へ, 日本は0.42から0.27へと世界1である. 前掲, 富舘・木船『最新・エネルギー経済入門』104ページ.
23) 長谷川慶太郎『環境先進国日本』東洋経済新報社, 2000年, 79ページ.
24) 第8回ダイムラークライスラーシンポジウム「燃料電池と21世紀のエネルギー選択」講演録, 8ページ.
25) 日本経済新聞, 2001年2月14日朝刊.
26) 財団法人滋賀県産業支援プラザホームページ, http://www.shigaplaza.or.jp/online/old_mado/0103/p02.htm

第 5 章
中国の市場経済化とエネルギー構造転換

張　文　青

1. 中国の経済改革とエネルギー消費構造の多様化

(1) 「改革開放」と政策課題

　1978 年の「改革開放」政策採択による市場経済への移行以来，中国経済は予想を超える速さで発展を遂げてきた．1984～2000 年の実質国内総生産（GDP）は年平均 9.98 ％の伸びを記録し，2001 年，アメリカ，日本，ドイツ等に次いで世界第 6 位となった．日本を含まない東アジア諸国経済に占める GDP の割合も 1980 年の 25 ％から 99 年の 37 ％に上昇，これにより中国は東アジア経済を牽引する新たなリーディング・カントリーとなった[1]．また，貿易の伸びも著しく，1991～99 年の年平均伸び率 13.5 ％，輸出額は 3 倍強の拡大を記録した．2000 年度には輸出総額で世界第 7 位を占めるまでに成長し，2001 年時点で，外貨準備高も日本に次ぎ世界第 2 位で，総額 2,000 億ドルに達している．

　「改革開放」政策実施以来 20 年余り，中国経済はどのようにしてこの急速な発展を成し遂げてきたか．中国の専門家や政府関係によれば，「改革開放」政策採択以後の中国経済は，重要政策の発表や経済発展の内容から，およそ次の 3 つの時期に特徴づけられるという．まず，1978 年の「改革開放」政策開始から鄧小平氏の「南巡講和」(1992 年) に至る第 1 段階，1992～2000 年の第 2 段階，そして，世界貿易機関（WTO）加盟のための国内改革の実施と「西部大開発」を主たる内容とする第 3 段階がそれである．

第1段階は，「改革開放」政策採択で幕を開けたが，まず，農業分野における集団経営の廃止，生産責任制の導入，個人経営の復活等の諸政策が相次いで打ち出され，農業における社会主義的経営管理方式が再検討された．これら諸政策は農業の生産性向上に役立ったが，その後，改革の重点は次第に都市に移るようになった．1984年，従来の経済特別区に加え14の沿海諸都市に対し対外開放面で優遇措置が採られた結果，海外からの輸入が急増した．

　第2段階の90年代に入り，中国経済はインフレ率7～8％，GDP成長率3.8％（対前年比）という良好なパフォーマンスをみせた[2]．1991年には江沢民党総書記が「社会主義市場経済」の構築を宣言し，翌92年に鄧小平氏の「南巡講話」があり，これを契機に中国の対外開放政策は飛躍的に強化された．1994年には「社会主義市場経済体系」の構築を目標とする諸改革が実施され，財政，税制，金融，外為，対外貿易，投資や流通など諸制度が大きく変革された．為替管理制度や税制の分級分税制度（税目を中央と地方税に区分する）も確立し，住宅制度改革，社会保険制度改革等も促進され，各分野における市場の育成も進んだ．しかし，市場経済への移行に伴い様々な問題が表面化し，1998年に朱鎔基首相は「三大改革」（国有企業改革，金融制度改革，行政機構改革）の実施を明らかにした．

　第3段階では，「改革開放」も進展し，産業構造も労働集約型から知識・技術集約型へ移行した．電気機械産業やIT産業等も幅広く成長し，輸出製品の豊富さや品質競争力の強化が世界の注目を集めるようになった．しかし，急速な経済発展は沿海地域や都市部に豊かさをもたらす一方で，内陸部との経済・所得格差も拡大した．所得格差による農村から都市への人口移動が続き，これが社会不安を増幅させた．1999年に，中国政府は，地域格差を是正し，経済発展を新段階に引き上げることを目的に「西部大開発」計画を発表した．これにより中国の市場経済化は新たな段階に入ったといえる．

　「西部大開発」計画は，東部地域で得られたノウハウや資金を内陸部開発に振り向け，これにより地域格差を是正すると同時に，資源開発や生態保護，環境保全，地域経済の活性化等を促し，各民族の団結と社会の安定を実現す

ることを目的としている．具体的には，インフラ整備，生態系・環境保全，優位産業の育成による産業構造調整，外資導入促進および人材育成の5分野からなり，2000年よりその実施に向けた中央財政の傾斜的配分や優遇政策が打ち出されてきた．

　また，中国は経済発展を新しい段階に引き上げるための国内諸改革や「西部大開発」計画に取り組む一方，WTO加盟に関連しての各種制度改革や法整備，競争市場本格参入への環境づくりに取り組んでた．2001年11月には，そのWTO加盟も実現した．

　中国は，今後，法整備や国内諸改革をさらに推進し，懸案の解決に成功するならば，世界経済との連携をさらに強化し，より多くの海外資本を呼び込むことが可能となる．

　アメリカや日本はIT産業の不振や同時多発テロの発生で景気が後退しているが，巨大な人口と市場を抱える中国経済は堅調な発展を維持しており，アジアや世界の経済発展と平和維持に貢献している．しかし，ますますグローバル化する世界経済の下で中国の経済社会をこれに適応させ，市場経済化を徹底するためには，これまで以上の工夫と忍耐が要る．とくに，エネルギー，食料，環境等諸問題の解決は緊急の課題であり，十分な政策努力がなされない場合には，中国経済は大きな困難に直面することになる．

(2) エネルギーの構造転換と多様化への試み

　中国では，市場経済化に伴いエネルギー需要が急増した．1980年から1999年にかけて発電量は4倍となり，発電量と発電容量でアメリカに次いで世界第2位となった．しかし，これは石炭需要の急増を生み，一次エネルギーの需要ギャップを拡大する結果ともなった．また，煤煙型大気汚染や酸性雨，地球温暖化の原因となる二酸化炭素（CO_2）の大量排出や水源汚染等の環境汚染も拡大した．中国は，もともと一次エネルギーに占める石炭利用率が75％と異常に高く，今後，「改革開放」や工業化への努力がさらに強められるとすれば，電力や石油・同製品とともに，石炭に対する需要の急増

が避けられない情勢にある．このことから，現在，中国ではこの膨大なエネルギー需要を賄い，また，効率性に優れ，安全で環境に配慮したエネルギー構造の構築が急務となっている．

中国のエネルギー消費構造を石炭，石油，天然ガス，水力，原子力等の総合利用によるパッケージ型消費構造に転換することが初めて提起されたのは，1997年5月29日，李鵬首相（当時）が『人民日報』に「中国のエネルギー政策」と題する文書を発表した時であった．この時，首相は中国におけるエネルギー消費構造の問題点を指摘，石炭主体の消費構造を天然ガス，石油，水力も活用する多様化構造に転換することを提案した．こうしたエネルギー政策の背景には，経済成長が引き起こす膨大な電力需要やモータリゼーション社会到来による石油・石油製品の需要増と石炭・石油の需給ギャップ拡大等への対応があり，また，エネルギーの安定供給，大気汚染の改善，地球温暖化防止等に対する中国政府の積極姿勢があった．

中国の一次エネルギー消費に占める石炭消費のシェアは，1990年の76.2％から2000年の61.0％へと低落，他方，石油・天然ガス・水力のシェアが23.8％から38.9％へと上昇した．一次エネルギー生産では，石油，天然ガス，水力のシェアはそれぞれ1990年の19.0％，2.0％，4.8％から2000年の20.9％，3.0％，9.6％へと拡大した[3]．原子力発電もまったく保有していなかった状態から2000年には164億kWhへと増大し，太陽光発電，風力発電，地熱発電等といった新エネルギーの生産能力も拡大した．新・再生可能エネルギーのシェアも上昇し，一次エネルギー生産の1.8％を占めるまでになった．図5-1を参照されたい．

こうしたエネルギー構造転換の最大の特徴は天然ガスや水力の利用増加にある．全国都市部におけるガスの普及率をみると，1990年は42.2％であったが，その後，1998年78.8％，1999年81.7％と経年的に拡大した[4]．さらに，中国政府は2010年の一次エネルギー消費に占める天然ガスの割合を2001年の3％から10％へと増大させる計画を立てており，天然ガスの探鉱開発やパイプラインの建設への国家財政の傾斜的投入が続いている．現在，

図5-1　中国における電力の生産・消費とGDP成長の推移

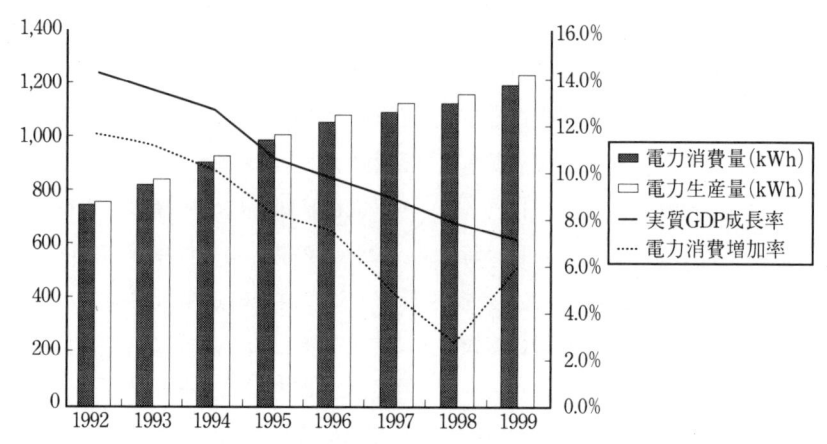

凡例：
- 電力消費量(kWh)
- 電力生産量(kWh)
- 実質GDP成長率
- 電力消費増加率

出所：中国統計局編『中国エネルギー統計年鑑1991-1996年版』中国統計出版社1998年，421ページ，『中国統計年鑑2000年版』中国統計出版社，2000年，24～25ページ，243ページ．

「陝気進京」（長慶の原油・天然ガスを京津翼地域に輸送するプロジェクト），「川気東調」（重慶から武漢への天然ガスパイプライン建設），「西気東輸」（西部の5大天然ガス田から上海市や長江デルタ地域に輸送するプロジェクト）など3大ガスパイプラインの建設が急ピッチで進んでいる．中国の電力生産・消費および実質GDP成長率，電力消費推移は図5-1の通りである．

(3) なぜ，いまエネルギー構造転換なのか

中国は，なぜ，いまエネルギー構造を転換しなければならないのか？　まず，差し迫った問題として，石炭中心のエネルギー効率改善の悪さがある．現在，中国のエネルギー効率は30％前後で，先進工業諸国に比べ10％も低い．そのため，エネルギー浪費や煤煙型大気汚染の発生で経済発展や国民生活に大きな障害が生まれている．また，石油消費の伸びが著しく，2000年上半期の石油の消費量は前年同期比で15％増加し，平均日量420万バレル前後に達した[5]．いまや，中国は日本と肩を並べ，米国に次ぐ石油消費国となっている．その背景には，経済の高速成長に伴うガソリンやトラック・

農業用軽油，燃料油の需要が急速に伸びてきた事情がある．1999年における全国の民用車両や輸送営業用自動車の台数は2,489万台で，1998年の1,775万台より40.2％増えた[6]．2010年には全国の自動車保有台数は5,000万台に達すると見込まれており，今後，中国では自動車利用を中心に石油・石油製品の需要が他のエネルギーの需要量より大幅に増加すると思われる．一方，環境保全のため石炭のクリーン化利用や省エネ政策の実施，エネルギーの効率利用が進み，石炭消費量は2001年の9.98億トンより緩やかに増加し，2010年には11億トン前後に抑えられよう．

　第2に，産業構造の変化によるエネルギー需要の変化がある．1992年，中国のGDP成長率は14.2％を記録したが，その後成長速度は徐々にスローダウンし，重工業も次第に第三次産業へ転換しはじめ，その割合は1980年の21.4％から1999年の33.0％へと拡大した[7]．中国の産業構造は低エネルギー集約型消費構造に移行しつつあると言えよう．さらに，1995年の国有企業改革以来，効率の悪い国有企業1,000件余りの倒産や合併があり，その結果，非効率な石炭利用が抑えられ，良品質の石炭が求められたため，石炭を生産する企業や石炭市場の改革が促されている．また，エネルギー多消費企業は市場競争力の強化や経営利潤追求の立場から，熱効率のよい石油や天然ガス利用に次々と切り替えてきている．

　一般に，1人当たりのGDPが米ドルで1,000ドルになると，必然的に市民生活やその他の社会的生産活動で天然ガスに対する需要が大幅に増大すると言われている[8]．中国では，2000年度の1人当たりGDPは855米ドル（1999年は791米ドル）であり，市民生活における天然ガス需要の増大がさらに加速していくと予測される．

　第3に，大気汚染の防止等環境保全への配慮が指摘される．1998年，全国33都市で実施された調査によると，50％以上の都市の主な汚染物質は浮遊粒子で，東北地域都市部の冬がとくに深刻であった．石炭の燃焼による大量の煤塵型汚染物質やSO_2，NO_xが大気に排出され，空気中有害物質TSP（総浮遊粒子状物質）の70％，SO_2の90％，NO_xの60％とCO_2の85％が石

表 5-1 中国の一次エネルギー消費の現状および需要予測

(単位：Mtce)

	1995 年		2010 年		2015 年	
	数　量	割合(%)	数　量	割合(%)	数　量	割合(%)
石炭	978.6	74.6	1,095.0	60.5	1,252.0	58.4
石油	229.6	17.5	424.0	23.4	503.0	23.5
天然ガス	23.6	1.8	136.0	7.5	226.0	10.5
水力・原子力	80.0	6.1	155.0	8.6	162.0	7.6
合計	1,311.8	100	1,810	100	2,143.0	100

出所：総合研究機構編『中国のエネルギー・環境戦略──中国国家計画委員会エネルギー研究所専門家らの予測』2001 年，148 ページ．

炭の燃焼によるものであった[9]．

　煤煙汚染等による中国の深刻な大気汚染はいまだに解決されておらず，その経済損失は莫大である．とくに，太原，北京，ウルムチ，蘭州，重慶，済南，石家庄などの諸都市は 1998 年世界保健機関（WHO）による大気汚染ワースト 10 にランクされたほどである．中国社会科学院の調査によると，1998 年，中国の大気汚染による経済的損失は GDP の 1.3 ％を占め，酸性雨による GDP の損失は 0.8 ％に上った．1997 年に呼吸器疾患で死亡した人の割合は都市部・農村部を合わせると 37.5 ％に上り，脳血管の病気による死亡に次いで第 2 位を占める[10]．1997 年よりエネルギー消費構造が調整され，その結果，1999 年の SO_2 排出量は前年に比較し 11.2 ％も減少した．米エネルギー省も 2000 年度の中国の CO_2 排出量はピーク時（1997 年）に比較し 17 ％減少したと伝えた[11]．

　第 4 に，国家戦略の一環としてのエネルギー安定確保の問題がある．中国では経済成長に伴い石油と電力の消費量が急増することが予想される．国際エネルギー機関（IEA）の 2001 年のデータによると，世界のエネルギー消費量が年平均 2.2 ％で増加していくのに対し，中国のそれは 4.7 ％で増加する[12]．また，2020 年には中国の一次エネルギー需要量は世界全体の 16 ％に達するという．2015 年までの項目別中国のエネルギー需要量および種類別割合は表 5-1 の通り．

エネルギー源別では，石油の需要量が 2010 年以後とくに増大する見通しで，2020 年には，中国は主要な石油輸入国になることが確実視されている．政治的にきわめて不安定な中東地域の石油に過度依存することの危険性やマラッカ海峡通過時の安全性および世界の政治経済情勢の変化などを考慮し，2005 年を目途に国力に見合った石油備蓄体制を推進する計画もある．また，LNG（液化天然ガス）や電力の輸入といったエネルギー源輸入の多様化方針も打ち出している．同時に，第 10 次 5 カ年経済計画（2001 ～ 2005 年）におけるエネルギー政策では，石油代替エネルギーの開発や省エネ技術，効率利用技術の研究開発および全国への普及等が盛り込まれているが，最優先課題はエネルギーの安全保障と多様化，ベストミックス・エネルギー消費構造への転換である．

(4) エネルギー構造転換はどこまで可能か

中央政府のこうした政策に沿って，1998 年 1 月，中国国家環境保護総局および多くの地方政府は，エネルギーの効率利用と環境改善のため石炭の利用制限を指示した．具体的には，①大中都市での石炭火力発電所の新設を禁止，②硫黄含有率 1 ％以上の石炭火力発電所に対し脱硫装置と SO_2 排出量削減装置（FGD 装置）を義務づけ，③ SO_2 排出量 1,000g 当たり 0.2 元の排出課徴金の徴収等で，かなり厳しい内容であった．

石炭産業の改革については，市場メカニズムに従って効率の悪い非合法小規模炭坑の閉鎖と閉鎖された炭鉱の再開を厳しく取り締まる方針を打ち出した．石炭市場に競争原理を適用し，高品質かつクリーン化した石炭を市場に送り出す体制を強化する方針も明らかとなった．さらに，石炭の品質保証や品種配分を多様化するため，洗炭，練炭やバイオブリケット型石炭（豆炭），動力用石炭の配合炭，混合した石炭燃料（石炭と 30 ％の水，1 ％の添加物），ガス化石炭，液化石炭，石炭を基礎としたコージェネレーションシステムの普及（ガス化石炭による循環型発電（IGCC），加圧粉炭燃焼発電（PPCC）），石炭による水素作り等の石炭総合利用戦略も積極的に展開していくことも計画し

ている．中国は2005年までに石炭の洗浄率を2000年より20％引き上げて50％にすることを政策策定しており，石炭の輸出拡大にも積極的に取り組んでいく姿勢である．

　エネルギー転換政策に対応して，国内ガス田の探鉱開発が急ピッチで進んでおり，幹線パイプラインや都市ガス配給網の確立などのインフラ整備も加速している．大気汚染が深刻な北京では，すでに1997年から都市ガスの供給が開始されており，天津や上海では1998年から供給が開始された．山東省青島市では，これまで石炭の割合が一次エネルギー消費の90％を占めていたため，SO_2やNO_x，TSPの大量発生による大気汚染が著しく，そのため，市政府は大気汚染改善策を設定し，その対策に取り組んできた．

　一方，中国は長期エネルギー戦略として国内外の「2つのエネルギー源（石油，天然ガス・LNG），2つの市場」を重視し，石炭の最終消費量を減らし，エネルギー源を多様化させる方針を打ち出した．石炭のクリーン化利用，クリーンで高熱効率の天然ガス・水力発電の割合を拡大，原子力発電等も発展させていく方針であるが，一次エネルギーに占めるクリーンエネルギーの割合を2000年より5％向上させ，31％にする計画である．エネルギー資源が豊富に眠る西部地域の優位性を活かし，地域経済の発展と「西気東輸」，「西電東送」プロジェクトおよび「光明工程」（無電地域の有電化プロジェクト）を推進する方針である．

　なお，2005年までの中国のエネルギー戦略における項目別政策は次の通りである．まず，石炭産業では，企業の大規模化や石炭製品の構造調整，石炭クリーン化利用等を積極的に推進する．陝西，雲南や黒龍江等諸省で石炭液化ガス工場を建設し，遼寧，河南，甘粛，山東等諸省の石炭生産基地で石炭地下ガス化モデル事業を促進する．原炭の洗浄率を向上させ，輸出石炭の鉄道輸送費用や港使用料などの輸出費用を削減し，政府主導型の石炭輸出拡大策に取り組んでいる．現在，石炭からメタノールへの転化などの研究開発も進んでおり，また，新疆など遠隔地に埋蔵している高熱をもつ石炭を気体に転化させ，パイプラインで東部沿海地域の消費地に輸送する計画も立てら

れている．石炭を化学反応させ，直接・間接的に液体に転化してガス化ディーゼル（中国語：汽柴油）を生産する実験もされており，雲南，陝西にてモデル・プロジェクトが推進されている．

石油や天然ガス事業に関しては，国際石油資本（メジャー）や海外探鉱資金を呼び込み，積極的に国内外での探鉱開発事業を行う．同時に，国内で精製加工する海外権益油に対する輸入割合制限を撤廃または優先的に許可を与える．中国域内での探鉱や開発事業を拡大させるため，今後，5年以内に国内で海外探鉱開発基金や信託融資基金を設立する．2001～2005年に原油生産能力を9,630万トンに拡大させ，天然ガスの生産能力を400億m^3に拡大する建設計画もある．また，石油安全供給や国内調達余力を高めるため，国力に見合った国家石油備蓄基地の建設を進め，企業の備蓄も奨励することになっている．中国の石油備蓄の現状として，原油は生産の回転に必要な在庫しか保有しておらず，国家戦略的な石油備蓄体制の構築は今後の緊急課題となっている．中国の中長期的なエネルギー政策に基づき，2010年までの石油備蓄量は60日に伸ばす計画で，これにより全国に500万トンの貯蔵基地10カ所を建設，備蓄量を1,500万トン規模に拡大する計画がある[13]．

中国の水力発電はまだ全体の18.5％のシェアしかない．そのため，水力発電事業として，メコン川や紅水河の水力発電所，三峡ダム水力発電所，黄河上流の公伯峡水力発電所等の建設を優先的に推進する計画をもっている．中国は国土が広いため送電ロスも大きく，1996年における送電効率はわずか62％で，送電ロスは電力生産のほぼ38％に上っている[14]．そのため，2005年までの電力網建設計画として各省にまたがる送電網を建設し，送電効率を高め，地域間電力網の連結および全国の電力網の連結を推進する方針である．また，「西部大開発」の3大プロジェクトの1つである「西電東送」プロジェクトは北，中，南の3つの送電ルートを建設する計画もある（北ルート：黄河上流の水力発電と山西・内モンゴルの坑口火力発電による電力を北京，天津，河北地区に送るルート．中ルート：三峡，金沙江の本流・支流の水力発電の電力を華東地区に送るルート．南ルート：貴州省烏江，雲南省瀾滄江と広西，

雲南，貴州省境界の紅水河等の水力発電電力および貴州・雲南省の坑口水力発電による電力を広東省に送るルート）．

原子力発電に関しては，国産技術を主力に，競争力のある電力価格を目標にし，海外との協力によって適当に原子力発電所を建設する．同時に，次世代原子力発電技術の独自開発を基礎に，2005年以降の発展基盤を造る．現在，秦山第2期（2基×600MW），第3期（2基×700MW），広東嶺澳（2基×1GW），江蘇田湾原子力発電所（2基×1GW）が建設されており，原子力発電は全国総発電量の1.3％から2010年の4％を占めるように増設計画が進められている[15]．

新エネルギーや再生可能なエネルギー事業として，大型風力発電所や太陽光発電を積極的に推進，同時に，「乗風計画」（風力発電事業にて，無電化地域の発電事業を展開する）を優先的に発展させる．また，多様化したルートで海外の先進技術を導入し，風力発電設備の国産化率を現在の40％から70％に向上させ，大規模風力発電モデル事業を興す．農村部ではエネルギーの商品化を促進し，また，辺鄙な地域に太陽光発電や太陽電池事業，風力発電，バイオマス発電および地熱発電，小規模の水力発電などを推進する．新エネルギー発電によるクリーン電力を優遇価格で発電事業者が買取り，早い時期に再生可能なクリーン・エネルギー発電の事業者に割合配当制で利益を配分し，新エネルギーの迅速な発展を政策的に支援する．次期エネルギー政策として，省エネやエネルギーの効率利用も非常に重視している．

今後の省エネ対策やエネルギー効率利用対策としては，まず，石油の節約を戦略的課題として推進していく方針で，「省エネ法」を確実に履行，新設備のエネルギー消費基準や主な家電製品の電力消費基準の確立を促し，検査基準に照合させる．そして，全国で大規模な省エネモデル事業を行い，消費行動を誘導する．また，発電ユニット容量30万kW以上の大型発電設備を拡大し，全体の割合を2000年38％から2005年の50％に上げ，火力発電ユニット石炭消費率も2000年の394g/kWhから2005年の380g/kWhに削減する目標を設定している[16]．

すでに述べたように，中国のエネルギー構造転換は石炭利用一辺倒の構造から石油や天然ガス，水力・原子力，新エネルギー等をパッケージにした構造への転換であり，エネルギーの効率利用と安全供給を強める戦略である．中国政府はこのエネルギー転換を実施していくため国内資源を積極的に開発・利用すると同時に，エネルギー源の多様化に向け海外の共同探鉱や採掘権取得などにも財力，人力を投入して取り組んでいく方針である．

　WTO加盟によって中国は国内エネルギー市場をさらに開放することになる．中国のエネルギー市場は海外投資家にとっても潜在的魅力に富んだ市場であり，開発可能な分野や消費市場も巨大である．したがって，今後は石油・天然ガス探鉱および関連機械設備の製造，石油製品・天然ガス生産，輸送に関連する分野で内外企業間の競争が一層激しくなると思われる．

2. エネルギー開発と供給源の多角化

(1) 石油・天然ガス開発の潜在的可能性

　以上のような状況の下で，予想されるエネルギー不足を補い，供給源を多角化させるため，いま，中国では各種エネルギーの新規開発と多様化への努力が続けられている．国内石油開発もその1つであるが，主要産油地である東部油田の大半がすでに生産のピークを過ぎ，年間生産量は1.6～1.7億トンで横ばいの状況にある[17]．海洋石油産業に関していえば，この分野は中国の石油・天然ガス産業のなかでもっとも早くから対外的に開放され，外資を招き入れた分野である．80年代に中国は130カ所余りの沖合大陸棚における探鉱・開発に外資を大規模に導入する政策をとり，鉱区を対外的に開放した経験がある．1982年に「中華人民共和国海洋石油資源採掘対外協力条例」が発表され，中国海洋石油総公司（CNOOC）が設立された．

　近年，こうした開発努力の成果も現れており，1997年の海洋石油生産は1,620万トン（対1990年比11.3倍）に達し，石油総生産量の10.2％を占めるようになった[18]．主な海上油田は，渤海湾，珠江口沖，鴬歌海鉱区等である．

国際石油資本との共同探鉱を含め，中国は，第10次5カ年計画でも海洋油田開発に重点的に取り組んでいく方針である．

しかし，海洋石油開発とは対照的に，国内の陸上石油開発はほとんど進展していない．理由は高い輸送コストにあり，原油を増産する場合，パイプラインの敷設などインフラ整備を先に実施しなければならないからである．また，近年，有望な油田が発見されておらず，既存油田での生産だけでは国内の石油需要の急増に応えられない状況にある．したがって，今後，輸入石油の増加が見込まれ，中東への依存が高まるアジアの石油輸入諸国との調整やマラッカ海峡を含むシーレーン確保が問題となってくる．石油開発におけるこうした懸念や問題を解消するために，アジア地域諸国が天然ガス開発利用に関心を集めている．

中国で天然ガス需要が飛躍的な増加をみせたのは，1997年に「エネルギー源多様化」政策が実施されて以降のことで，比較的歴史は浅い．しかし，天然ガス需要量は年々増え，2000年の270億m^3，2010年950億m^3，2020年1,400億m^3と大幅な増大が予想されている[19]．

主要な天然ガス生産地は，新疆，青海，陝甘寧（陝西，甘粛，寧夏），川渝（四川，重慶），南シナ海西部等の地域で，5つの大型天然ガス田を形成している．1997年，西部地域で確認された天然ガス埋蔵量は2,148億m^3（総埋蔵量73.4％）だった[20]．以下「西部大開発」の重点プロジェクトである天然ガスパイプライン建設を紹介しよう．

2000年3月，「西部大開発」の重点プロジェクトの1つ，「西気東輸」（西部のガスを東部に送る事業）がスタートした．これは新疆タリム天然ガス基地から上海や長江デルタ地域に天然ガスを輸送するプロジェクトで，パイプラインの総延長4,167km，途中，新疆，甘粛，寧夏，陝西，山西，河南，安徽，江蘇の諸省を経て，南京・上海に至る．年間輸送能力120億m^3，中国全土を貫通するエネルギーの大動脈となる[21]．

青海省柴達木盆地の渋北油田から青海および甘粛の13の県や市を経由し，東部の甘粛省・蘭州市に至る「渋―寧―蘭」ガスパイプライン（総延長距離

は953km）も2000年3月にスタートし，年間ガス輸送能力は20億㎥となる見通し[22]．柴達木盆地の天然ガス確認埋蔵量は2,420億㎥，現在の生産量は日量140万㎥であるが，下流地域に消費市場が確保できれば，1,000万㎥の天然ガスを提供することができるという．安定供給期間は40年以上と予測されている．

　この他，四川省忠県から武漢の天然ガスパイプライン（総延長距離は708km，年間輸送能力30億㎥）が2002年下半期に完成する．また，2006～2010年には，満州里－瀋陽，瀋陽－北京のパイプライン幹線，揚子江デルタ地域や渤海湾地域等に22本の支線パイプラインが建設される予定である．これらの幹線や支線を併せた天然ガスの供給能力は365.5億㎥に達する[23]．

(2)　水力発電の開発および「西電東送」

　中国のエネルギー問題のもう1つの重点は電力にあるが，電力資源には偏在性があり，北京，上海，広東など東部7省だけで全国の電力の40％を消費している．また，これまで，石炭を内モンゴルや貴州省および中部地域の炭坑から鉄道で輸送し発電していたため，輸送上の制約や送電ロスなどにより経済的には採算がとれないことが多かった．しかし，今日，電源開発の重点は西部へ移りはじめており，西部地域での発電所や送電網の建設が強化されている．2000年には，新しい「西電東送」プロジェクトの建設が北・中・南の3つのルートに分かれて始まった．北線は内モンゴルと陝西省などから華北電力網に送電するルートで，5年後には北京，天津，唐山地域に270万kWhの電力を送る計画である．中部線は四川などの省から華中，華東電力網に送電するルートで，南部線は雲南，貴州，広西などの省から華南地域の電力網に送電するプロジェクトである．

　「西部大開発」の重点地域の1つである四川省は少数民族の集中居住地域であり，豊富な水力発電資源を有している．水力発電事業の開発は民族地域の経済発展に寄与すると同時に，東部地域に再生可能でクリーンなエネルギーを送り工業発展や環境改善に貢献する．広西省紅水河に建設された大型発

電所も同様の役割を担い，華南地域の電力網に豊富な電力を提供することになる．

　西部地域の天然ガスや電力を東部の消費地へ輸送することによって，鉄道輸送力不足の解消や東部の大気汚染の改善にも大きな効果が期待できる．中国電力開発の中心となる西部地域の開発は，中国のエネルギー産業発展のレベル向上や国内の機械製造業，電子工業産業，紡織工業，化学工業およびその他産業の発展などにも大きな意義を有する．今後，東部沿海地域による西部への利益還元や中央政府のさらなる財政支援が期待され，西部地域においても資源開発型経済から地域の優位性を活かし，多様な経済発展を模索することが大切である．

(3)　海外調達の拡大と開発権益の取得

　中国の製油所は重質低硫黄の大慶原油を前提に設計されているため，原油輸入では，大慶原油に類似したインドネシア原油が総輸入量の 38.2 ％（1994 年）を占め，その他がベトナム，マレーシア，パプア・ニューギニアからの輸入となっている．中東地域では，オマーン，イエメン，イラン，サウジアラビア，アラブ首長国連邦（UAE）から，アフリカでは，アンゴラなどの南方原油を輸入してきた．しかし，近年，中東への依存が急増する一方，他の地域からの輸入も増えており，供給源はアジア太平洋地域，アフリカ諸国，その他諸国へ拡散が進んでいる．1999 年には中東原油への依存度が 46.2 ％まで上昇したが，その他も，アジア太平洋地域 18.7 ％，西アフリカ 19.8 ％，その他 15.4 ％と上昇した[24]．

　現在，中国は供給地域の分散化を図っており，ロシアや中央アジアからの石油・ガス輸入事業も積極的に実施している．将来，中国がこの地域から輸入する石油は需要総量の 20 ％を超えると予測されている．また，ヨーロッパ，西北アフリカ，南アメリカからも輸入総量の 20 ％を増やす計画である．中国のこうした動きは石油輸入に関して中東に高く依存するアジア地域のエネルギー安定供給を考慮したもので，戦略的政策と言えよう．

一方，海外探鉱開発では，中国は1993年7月にカナダのアルバータ州で最初の海外石油開発を開始し，今では，カナダ，スーダン，タイ，パプア・ニューギニア，中東のイラン，イラクと石油探鉱契約を結んでいる．また，中央アジアのカザフスタンや南米・ベネズエラ，ペルー等でも資源開発に積極的に参加している．中東産油国との関係では，1998年にサウジアラビアのアブドラ皇太子が中国を訪問，翌99年10月には江沢民国家主席がサウジアラビアを公式訪問し，両国関係の強化を図った．アラブ首長国連邦との関係強化にも努め，また，イランとは，1997年5月，テヘランを訪問した中国の李鵬首相（当時）が，ハシェミ副大統領との間で中国向け石油輸出拡大の合意書を取り交わした[25]．

　海外探鉱開発で注目されるもう1つの動きは，天然ガスの開発輸入とパイプラインの敷設をめぐるロシア等との協力強化の動きである．中国では，2010年と2015年に天然ガスがそれぞれ300億m^3，700億m^3不足する見通しで，それを補うため，2010年以降，東シベリアの天然ガスを200億m^3，西シベリアから200～300億m^3，カザフスタンから100～150億m^3を輸入する予定である．

　現在，中国，ロシア，韓国が事業参加する上記国際ガスパイプラインの敷設が進められているが，これはモンゴル経由で北京や上海近郊の黄海沿岸に至るルートとヤクートのガス田経由で北朝鮮・韓国に抜けるルートに分かれ，最終的には日本まで延長される可能性がある．中国・国際石油天然ガス集団公司（CNPC），ロシア・ペトロリアム（BPアモコが資本参加）と韓国・ガス公社（KOGAS）が共同開発を目指し，2010年に300億m^3の天然ガスを中国に，また，100億m^3を韓国に輸出する計画である．

　他にも天然ガスパイプラインの建設計画が3件ある．まず，ロシアのサハリンから抓吉を経由して瀋陽で満州里－北京ラインに合流するパイプラインであるが，現時点での推定輸送量は100億m^3である[26]．次はロシア西シベリアから客拉斯達板経由で「西気東輸」ラインと合流するパイプラインで，ロシア西部の既存供給網から年間80億m^3の天然ガスを輸出することが可

能である．また，年間の天然ガス輸入量が300億 m^3 と言われる中央アジア3カ国（トルクメニスタン，ウズベキスタン，カザフスタン）からホルゴス（または客拉斯達板）経由で上海に至る天然ガスパイプライン構想もある[27]．

中国は，ロシアからパイプラインによる天然ガス輸入を図ると同時に，原油輸入に関しても，国内最大の大慶油田が1999年に減産に入ることから，シベリアで開発された原油を大慶に送り，将来，東北三省の石油需要はシベリアからの輸入原油で賄うことも視野に入れている．ロシアでは経済の停滞が続いたため，電力需要が減少しており，中国やモンゴルに売電する余力をもっている．現在，イルクーツクからモンゴルを経由し北京に至る高圧送電計画が実行段階に移りつつある．シベリアから電力を輸入するプロジェクトは，中国の急増する電力需要を賄い，石炭火力発電所の増設を抑制する有力な手がかりになる．

2001年7月，中ロ友好条約が結ばれた．この条約の下でロシアは中国に対し原子力技術の提供とエネルギー供給協力を強化することを約束している．中ロ経済協力の目玉であるロシアから中国への石油の輸出計画は，2005年よりアンガルスク地域からモンゴルを経由して年間2,000万トンの石油を中国へ輸出する計画である．この数字は，2010年には3,000万トンに引き上げられる見通しである[28]．

中国側も，エネルギー安全保障上，中東への石油・天然ガス依存の深化を避けるため，今後，ロシアから原油・天然ガスの輸入を増大させていく方針である．これらのエネルギー供給協力は，ロシア経済の再建に必要な資金源確保にもつながり，両国の意向と経済利益に合致し，これから中ロ間でエネルギー供給に関する大型事業がさらに推進される見通しである．

(4) 天然ガス調達とLNG輸入の新動向

さらに中国は，ロシア・東西シベリアのほか，カザフスタンから石油を，また，トルクメニスタンからガスを輸入する計画を立てている．世界有数の産ガス国トルクメニスタンからのガス輸入パイプラインは，ウズベキスタン

とカザフスタンを経由して中国・西部のガスパイプラインにつなぎ込む計画である．このプロジェクトは2005年に完成する予定で，2010年には150億m³の天然ガスを輸送する計画があるという．このプロジェクトに参加するエクソン，三菱商事，CNPCは1998年末すでに企業化調査を終了している[29]．

　もちろん，これらのガスパイプラインの敷設に問題がないわけではない．何よりも，パイプラインの総延長は海岸線まで5,800kmもあり，上海等での天然ガス受け入れ価格が輸入LNGの価格に対抗できるかどうか不確かだからである．

　中国はようやく日本や欧米などでしか利用されていない高価なLNGを導入することになる．中国初のLNG輸入基地は広東省深圳市に建設することになっている．CNOOCとBPアモコとの契約に基づき，深圳市に建設する年間総容量300万トン規模のLNGターミナルにはBPアモコが持つ株の30％を出資し，香港系資本が70％を出資している[30]．このターミナルは2004～2005年に操業開始する見通しで，パイプラインによる発電所などの需要家に供給する計画である．

　広東省には，すでに6つのLNGプラント（320MW）が建設されており，1.8GWの石油発電所をLNGに燃料転換するプロジェクトもすでに開始されている．その他，福建省東南部アモイの高崎にLNG受け入れ施設を建設する予定で，第1期は200万トン，第2期は300万トンに拡張する計画である．また，浙江省寧波に年間600万トンのLNG受け入れターミナルを建設する予定で，寧波から杭州，上海，南京を結ぶガスグリッド（2本の海底パイプラインを含む）の構築が検討されている[31]．

　石油を政治的・社会的にきわめて不安定な中東諸国に依存していることはアジア諸国の経済発展にとって大きなリスクとなる．とくに，石油需要が増大する中国の場合，サウジアラビアやイラン等の湾岸産油国からの原油輸入が急増することは，他のアジア諸国との軋轢の増大にもつながり，国際石油市場の価格変動にも影響を与える．もっとも，アジア諸国が必要とするエネルギーは各国が協力して確保し，問題解決を図る必要がある．とくに，日本

と中国との協力は重要であり，エネルギーの効率利用やクリーン・エネルギーの利用に関して，日本の果たす役割はきわめて大きい．

3. エネルギー開発利用の日中協力と政策展望

　以上，中国のエネルギー構造の転換について詳しく検討したが，転換が期待通りに行われるためには，まだ多くの問題が残っている．主力エネルギーである石炭資源が国内になお膨大に存在し（世界総埋蔵量の11.6％），今後20年間は一次エネルギーに占めるその割合も50％を下ることがないといわれる状況の下で，自前の石炭をそのままにして輸入石油その他に切り替えることは合理的でないからである．だが，エネルギーの安定確保をめぐるアジア諸国との調整等も考え，中国はクリーン・コール・テクノロジーの開発や石炭クリーン化利用に一層努力しなければならない．石炭利用効率の向上や火力発電所における脱硫・脱硝装置等の技術の普及，および石炭灰の有効利用がエネルギー政策の重要な一環となっており，これらの技術やノウハウを日本から輸入し，国内に普及することが非常に重要だ．

　中国では，石炭輸出に関する政策的努力も続けられている．現在，輸出量は年々増えているが，膨大な生産量からすれば，その量はまだ少ない．中国の石炭輸出の90％は，日本，韓国，香港，台湾向けで，1999年の対日輸出は日本の総輸入量の9.2％に達した[32]．2010年の日本のエネルギー長期計画によると，一次エネルギーに占める石炭の割合は1998年の16.4％から2010年には21.9％に増大する．電力自由化が進むなか，多額の投資が必要となる原子力発電所の建設が見送られ，火力発電所の新規建設が増えるからである．

　他方，中国の原油輸入量は，1999年の3,661万トン（前年比34％増），2000年7,030万トン（前年比92％増）と急増し，その結果，石油輸入依存度はこの2年間に12％上昇し30％となった．さらに，2005～2010年には原油の輸入量が1億トンを突破すると予測され，2020年では800バレル/日の

輸入が必要となり，海外依存度は40％に達する見通しである[33]．

　アジア域内の石油取引に関しては，主要産油国である中国，インドネシア，マレーシアにおける生産の減退や国内消費量の増加によって域内の輸出入が減少する傾向にある．そのため，アジア諸国の中東依存は2000年の73％から2005年には78％に上昇する見通しである．したがって，石油輸入量の大きい日本や韓国等アジア諸国は石油輸入をめぐる中国の動きに懸念を抱かざるを得ない．

　また，日本や韓国の研究者が指摘しているように，中国が現在のエネルギー消費構造のままで経済発展を続ければ，化石燃料消費の増大による工業粉塵や火力発電所，また，民生用石炭の利用による煤煙型粉塵やSO_2，TSPの排出を中心とする大気汚染が近隣諸国，とくに，日本や韓国の環境に悪影響を与えざるを得ない．環境問題やエネルギー安全保障に対するアジア諸国の懸念を解消するため，中国は絶えず国内外供給源の多角化やエネルギー利用効率の改善に努めてきたが，今後，さらなる努力が必要となる．また，この目的を達成するため，日本やアジア諸国との一層の協力強化が期待される．

　90年代以降，中国石油天然ガス集団（SINOPEC）は，海外での油田開発に関して，欧米メジャーの動きが比較的手薄だったペルー，ベネズエラ，カザフスタン，スーダン等での探鉱・開発事業に積極的に参加してきた．しかし，現在，産油量は日量12万バレルで，国内需要のわずか2.5％を賄うにすぎない[34]．日本では，海外での探鉱や油田採掘権取得のため日本石油公団が1967年に設立され，海外での石油開発を精力的に進めてきた．同公団の資金的支援を受け，事業が軌道に乗った会社は2001年現在13社に上り，国内石油需要日量の1割（50万バレル）を確保している．中国には，国際石油資本に対抗するため，海外石油開発のノウハウを日本から提供してもらいたいという強い要望がある．日本の支援が得られれば，中国は海外探鉱開発地域をさらに広げることが可能となり，石油採掘権益の拡大に伴う石油供給源の多様化で中東石油への過度な依存を避けることができる．

　現在，中国の原油総備蓄量は約810〜900万トン，これは国内生産需要の

18日分にすぎず，全国の石油製品在庫量の745〜845万トンを入れても，40日分の需要しか満たすことができない[35]．これらの備蓄は生産と流通過程の需要を満たすだけの不安定なもので，戦略備蓄にはなっていない（世界の平均石油備蓄量は平均消費量の80日分に相当する量である）．

　先進国はいずれも，石油生産・精製・輸入・販売を行う業者に石油の備蓄を義務づけており，各国に対して毎月の情報提供を法律で義務づけている．中国は石油備蓄に関する統計だけでなく，そうした情報を提供するシステムや石油統計システムを完備していない．また，あったとしても実効性に乏しく，危機発生時の対応力も弱い．この分野で日本が中国に技術やノウハウを提供できれば，アジア域内の石油供給に問題が起きたとき，また，平常時のエネルギー安全供給の場合にも大きな貢献となる．もちろん，日中両国にとってはより深い信頼の絆を構築することが先決であり，関係強化の総合戦略が必要となる．

　専門家によると，15年後にマラッカ海峡を通過する原油の量は現在の3倍，世界原油取引の15％を占めるようになるという．そのため，シーレーンという点でインドネシアやマレーシアの地政学的位置が高まり，この海域における紛争の防止が最大の課題となる[36]．したがって，国際航路としてのマラッカ海峡に統一した国際的公認の管理機構を設立することが望ましい．

　今日，温暖化防止のためのCO_2排出削減や大気汚染の改善等環境問題を解決する意味を含め，各国でエネルギー源の多様化が推進されている．しかし，中国を含むアジア諸国にとって，原子力発電に関するウラン鉱開発や燃料加工，遠隔地からの送電網の整備，使用済み核燃料の貯蔵，核燃料サイクル，核廃棄物の処理等，巨大な産業インフラだけでなく，巨額の研究開発費用と設備投資，長いリードタイムも必要となる．

　アメリカでは，原発1基の建設には2,000億ドル以上の費用が必要と言われている．アジア諸国にとっては，インフラ整備や資金面で困難が伴うばかりでなく，この他にも，既存原子炉は試用期間満了時の解体事業に伴う資金調達や周辺住民に対する環境配慮など問題が山積している．また，日本にお

いては，原子力発電設備の老朽化が目立ちはじめており，もんじゅの事故や東海村臨界事故等が相次いでいる．したがって，原子力発電に関して，日本は中国を含むアジア諸国との間で安全管理システム制定や産業インフラ整備等といった包括的政策設定し，技術協力をしていく必要がある．その際，信頼の構築が何よりも大切である．

他方，1992年に創設されたシルク・ロード・ジェネスイス（SRG 研究会）に集まる日本の民間企業7社はすでに中国の砂漠地域で太陽光発電の実験を始めている．2001年の太陽光発電および中国遠隔地村落開発事業化の調査に関しては三菱総合研究所の協力をも得ている．今後，日本の協力を得て，辺境地や内陸部過疎化地域での事業化が期待されている．また，風力発電やバイオマス発電，ゴミ発電などの技術に関しても，日本からの技術移転や直接投資が中国の新・再生可能なエネルギー開発利用にも大きく貢献できるであろう．

おわりに

21世紀，アジア諸国はさらに飛躍的な経済発展を成し遂げるだろう．中国は，2050年，経済規模や国民の生活水準の点で中進国になることを目指している．中国にとって，経済発展の過程でエネルギー・資源の大量需給による環境汚染や資源破壊，公害発生を避け，経済発展と環境保全とを調和した持続的な経済発展の道を探ることが何より重要である．日本の省エネ技術やエネルギーの効率利用，クリーン・エネルギー生産技術などが世界一流の水準にあることは改めて指摘するまでもない．日本の資源開発技術や環境経営のノウハウが中国の経済開発やエネルギー資源開発，環境保全に適用された場合，それらの技術がもたらす影響は絶大である．

さらに，日本の国土面積の18倍に相当する中国西部地域の開発が進展するにつれ，日本企業も西部地域に進出することになろう．今後，中国と日本は経済や環境保全をめぐり協力関係を強めることが求められており，これを

基礎に中国経済がバランスの取れた,持続的な発展を遂げることができれば,アジアと世界の経済発展や平和維持にとって大きな意義を有するであろう.

注
1) 日本経済産業省『通商白書2001年版』通商政策局,2000年5月,29〜31ページ.ここでの東アジア諸国・地域は,韓国,台湾,香港,シンガポール,タイ,マレーシア,インドネシア,フィリピンを指している.
2) 中国統計局『中国統計年鑑2000年版』2000年9月,243ページ.
3) 中国国家計画委員会「第10次5カ年計画におけるエネルギー分野の発展計画」(2001年8月16日付中国燃気資訊ネット URL：http:///www.gasinfo.com.cn より).
4) 中国統計局編『中国統計年鑑2000年版』2000年,352ページ.
5) 「中国石油消費,日本と並ぶ」『日本経済新聞』2000年9月1日.
6) 前掲,中国統計局編『中国統計年鑑2000年版』530ページ.
7) OECD／IEA, *International Energy Agency World Energy Outlook 2001*, p.175.
8) Jonathan E. Sinton and David G. Fridley, "What Goes Up: Recent Trends In China's Energy Consumption", *Energy Policy*, Aug. 2000, pp. 671-678.
9) 王亜欣「電力工業与可持続発展：節約資源和環境保護」『工業経済』中国人民大学出版社,2000年7月号,64〜65ページ.
10) 李志東『中国の環境保護システム』東洋経済新報社,1999年,46ページ.
11) 「温暖化防止・中国は独自に CO_2 削減」『日本経済新聞』2001年7月3日.
12) OECD／IEA, *op. cit.*, p.175.
13) 陳淮「我国能源結構的戦略調整与国際化対策」『工業経済』中国人民大学出版社,2000年10月号,22ページ.
14) 中国統計局工業交通統計部『中国エネルギー年鑑1991-1995年版』1998年,79ページより算出.
15) 周鳳起「中国能源工業面臨的挑戦」『工業経済』中国人民大学出版社,2000年3月号,36〜39ページ.
16) 前掲,中国国家計画委員会「第10次5カ年計画におけるエネルギー分野の発展計画」.
17) 郎一環・王礼茂『全球資源態勢与中国対策』湖北科学技術出版社,2000年,514〜520ページ.
18) 谷本誠司「経済危機下にあるアジア諸国の石油事業」日本エネルギー経済研究所編『国際エネルギー動向分析』1999年,37ページ.
19) 穆献中・徐寿波「我国中西部天然気工業一体化経済研究」『工業経済』中国人民大学出版社,2000年8月号,57ページ.
20) 岩田吉央「経済危機発生後のアジア電力市場動向」日本エネルギー経済研究所『国際エネルギー動向分析』2000年2月号,56ページ.

21)「西気東輸プロジェクト近期起動」『中国経済時報』2001年9月7日．
22)「特別報道中国新世紀の四大プロジェクト」人民画報出版社『中国人民画報』2001年4月, 6～11ページ．
23) 宮森悠「中国のエネルギー市場」日本エネルギー経済研究所『国際エネルギー動向分析』2001年6月, 42～44ページ．
24) 東西貿易通信社『中国の石油産業と石油化学工業2001年版』2001年3月, 28～31ページ．
25) 末次克彦「国際情勢とエネルギーセキュリティ」省エネルギー資源学会『21世紀社会の選択』2000年, 81ページ．
26) 前掲, 岩田吉央「経済危機発生後のアジア電力市場動向」44ページ．
27) 通産商業省エネルギー庁『21世紀, 脚光を浴びるアジアの天然ガスエネルギー』1999年, 49ページ．
28)「中露長期的安定へ基盤・石油など経済協力」『日本経済新聞』2000年7月17日．
29) 前掲, 岩田吉央「経済危機発生後のアジア電力市場動向」26ページ．
30)「BPは広東LNGプロジェクトに入札」(2001年3月23日, 2001年8月3日付中国燃気資訊ネット URL：http:///www.gasinfo.com.cn より)．
31) 前掲, 岩田吉央「経済危機発生後のアジア電力市場動向」45ページ．
32) 経済産業省資源エネルギー庁電力・ガス事業部『平成12年度電力需給概要』2001年, 395ページ．
33) OECD / IEA, *International Energy Agency World Energy Outlook 1998*, 1999. 11, p. 278.
34)「全球化の衝撃・中国, 資源を求めて東奔西走」『日本経済新聞』2001年7月13日．
35) 総合研究開発機構『中国のエネルギー・環境戦略』2001年, 12ページ．
36) 高浜賛「エネルギーの政治学」エネルギーレビューセンター『エネルギーレビュー』1996年12月, 6ページ．

第Ⅲ部

グローバル化のなかの食料・農業問題

第6章
国際的視点から見た食料問題

小 山 　 修

1. 食料不安の顕在化

(1) 飢餓と栄養不良

　世界各地からもたらされる多様な食品であふれる日本にあって，飢餓や栄養不良という言葉は歴史上のでき事のように思われるが，国際的にはきわめて今日的課題である．人口の多いアジアにあっては，1958～61年に建国間もない中国を襲った大飢饉や1974年のバングラデシュでの飢饉が有名であるが，最近ではエルニーニョに端を発してインドネシアで多数の餓死者が発生するなど局地的に数多くの飢餓が発生している．ヨーロッパにおいては20世紀はじめにアイルランドを襲ったジャガイモの不作による大飢饉も多くの人に語り継がれている．

　FAO（国連食糧農業機関）は，定期的に栄養不良人口の推計を発表しているが，これによれば世界には約8億人の栄養不良人口（慢性的に摂取カロリーが一定水準以下のもの）が存在する[1]．このうちの約5億人がインドなど南アジアを中心とするアジア地域にいる．サハラ以南のアフリカにおいては，人口の34％がこのような栄養不良の状態にあり，その絶対数は今後とも増加する恐れがあると指摘されている．幸いアジアでは，1人当たりの食料生産の増加と高い経済成長による1人当たり所得の増加が栄養不良人口を著しく減少させてきている．

　1996年には，食料サミットがローマで開かれ，こうした飢餓，栄養不良

の解消が各国首脳により宣言された．これによれば，各国は2015年までに現在8億人弱の栄養不良人口を半減させるためにさまざまな手段をとることとされている[2]．しかしながら，約5年を経過した現在，その目標の到達はきわめて懐疑的に考えられており，食料増産のための援助などの各国の努力も先進国を中心に縮小傾向にあることは否定できない現実である．

　そもそも，飢餓や栄養不良が何故発生するかについてはさまざまな説がある．局地的には食料生産の絶対的不足が直接的原因となり得るが，通信運輸手段の発達した今日においてなおこのような事態が生じることからすれば，所得がないこと，戦乱や天災によって運輸手段も失われることが大きな要因となる．一方，多くの飢餓の舞台である農村地帯では，農業生産そのものが所得の源泉であり，安定した農業生産と食料の調達とは同義であると言ってよい．

(2) 食料供給の不均衡

　もし，世界で生産される食料が均等に配分されればこのような栄養不良は避けることができる．人口1人当たり322kg/年の穀物（1995/97年平均）はカロリーとしては十分なものである．しかし，現実には食料生産のための土地，水，土壌，光，気温は不均等に存在し，消費する側の人間も不均等に居住している．今日の食料問題は，いち早く農業生産技術を改良させ，1人当たりの食料生産を増加させつつ，人口爆発のピークを乗り超えた先進国と，低い食料生産性が継続しているにもかかわらず高い人口増加率が続く発展途上国との不均衡がその根底にあると言ってよい．先進国では1980年代から農産物の過剰生産が問題となる「農業問題」が深刻となり，発展途上国では栄養不足人口などの食料が不足する「食料問題」が深刻化するという，2つの相反する現象が地球上に併存している．

　1960年代後半から1970年代にかけての小麦，コメなどの高収量品種の普及，いわゆる「緑の革命」は画期的な増産をもたらし，一部の食料輸入国の食料不足状況の改善，解消に大きな役割を果たしたが，雑穀などを主要食料

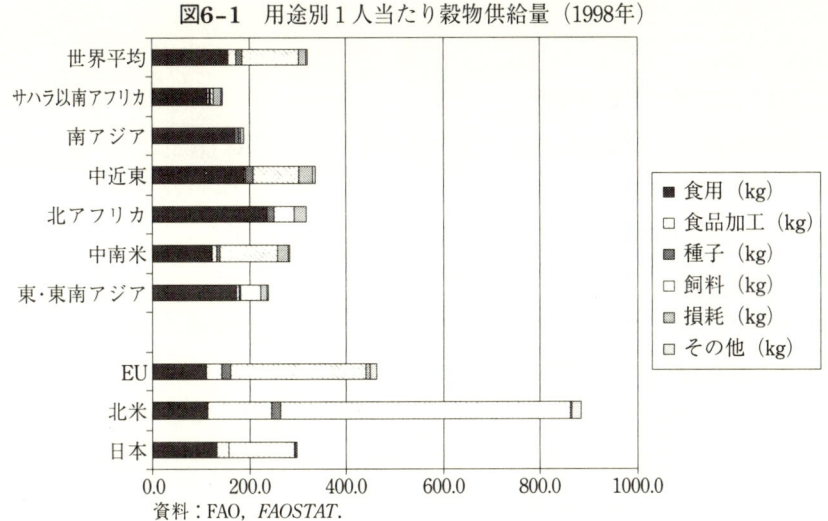

図6-1 用途別1人当たり穀物供給量（1998年）

凡例：
- ■ 食用（kg）
- □ 食品加工（kg）
- ■ 種子（kg）
- □ 飼料（kg）
- ▨ 損耗（kg）
- □ その他（kg）

カテゴリ（上から）：世界平均，サハラ以南アフリカ，南アジア，中近東，北アフリカ，中南米，東・東南アジア，EU，北米，日本

資料：FAO, *FAOSTAT*.

としているサハラ以南アフリカ等ではその効果はきわめて小さく，相対的な食料事情の悪化をもたらしている．主要な先進食料輸出国での生産性向上のスピードは速く，世界全体としての食料の余剰，すなわち，国際価格の低下をもたらす結果となっている．この価格低下による国際的な農業投資の減少も国際間の不均衡が継続する一因となっている．

地域別に食料供給がどれほど不均衡な状態であるかを見たのが図6-1で示した1人当たりの穀物供給量である．これによれば，最も多くの穀物を消費しているアメリカ人1人はサハラ以南アフリカの人の約4倍の穀物を消費している．これは平均値の話であり，国内の不均衡を加味すればさらに大きな格差があることは言うまでもない．先進国での穀物消費の多くは家畜の飼料用などの間接消費であり，高所得圏での畜産物消費が，食料供給の不均衡の一因であることを示唆している．

しかしながら，先進国において食肉供給を減少させれば問題が解決すると考えるのは早計である．地域的な食習慣，食文化の差異は歴然として存在するし，再分配のためには大量の食料の移動と移動を促す購買力とが不可欠だ

からである．

(3) 人口増加と食料生産

　世界の人口は国連が2年ごとに改訂発表している人口統計によれば現在約61億人で，50年後の2050年には93億人に増加していくとされている[3]．過去には2050年時点の人口が100億人に到達すると予想されていたが，数度にわたる改訂により，下方に修正されている．それでも年間増加人口7,000万人という数字は大きく，増加のほとんどは食料生産の十分でない発展途上地域で起こると考えられている．

　世界人口の増加率は，1960年代にピークを迎え，その後低下しつつある．現時点での人口増加率は約1.3％で，2050年には年率0.5％以下に低下すると考えられている．ピーク時には年間2％以上も人口が増加していたにもかかわらず，過去30〜40年間の食料生産の増加率は人口の増加率を上回って推移してきている．結果として人口1人当たり食料生産は増加し，平均的な栄養水準の改善に大きく寄与した．この背景には前述の「緑の革命」による穀物の高収量品種の導入等による単位土地面積当たり生産量「単収」の増加が大きな要因としてある．面積，正確には収穫面積の増加の寄与率は，地域によっても異なるが，全体としては2〜3割程度でしかない．

　同様に，経済成長率が人口増加率を上回ることにより，1人当たりの所得水準も上昇する．アジア地域のように急速な経済成長によって所得水準が上昇した地域では，上述の食料生産の増加による効果を十分に享受しているが，サハラ以南アフリカの地域では人口の増加に対して経済成長は十分ではなく，結果として所得水準が低下し，栄養状況も悪化していく．世界で1日当たり1US＄以下の所得しか得られないいわゆる貧困人口は，世界銀行のレポートによれば1.5億人以上いるとされる[4]．このような貧困人口にとっては，いかに世界の食料生産が順調であっても，十分な食料が供給される保証はなく，局地的な食料アクセスと日々の所得の確保こそが問題となる．

　食料（とくに主食の穀物）の生産の伸び率が，今後伸び率の低下する人口

増加率を上回って推移すると予想されるとしても,それは栄養不良人口を減少させるための必要条件にすぎないのである.したがって,現時点で言えることは,世界全体として食料生産は順調であるけれども,それがそのまま多くの人々の食料不安を解消するわけではないと言うことである.

(4) 食料安全保障

世界食料サミットでは「すべての人があらゆる時に必要とする食料を手に入れることができる状態」を食料安全保障が確立された状態であると定義している[2].さらにさまざまな文書によって食料安全保障を測る3つの面が示されている.すなわち国や地域レベルでの食料供給可能性(Availability),家族や集落あるいは個人レベルでの食料調達可能性(Accessibility),そして実際に食べ物を口に安全に入れることのできる食料摂取可能性(Edibility)の3つの要素である.このうちのどれが欠けても食料の安全保障は達成されない.現実の世界はこのような状態とは遠くかけ離れた状態と言わざるを得ず,その確立は達成不可能な夢のような目標である.

食料安全保障の達成のため,各国,国際社会はさまざまな手立てを講じてきた.農業生産拡大のための開発援助,食料の直接の供与など長年にわたる努力にもかかわらず,状況は前述の如くはかばかしい進展を見ていない.食料援助は,輸出国の余剰生産物の処理を目的として行われる場合もあり,また国ベースでの協力はややもすると食料が真に必要な人に到達しない,必要な時に届かないといった問題がある.さらには現地生産者の生産意欲をそぐという副作用も指摘されている.

食料安全保障は,国際的な食料の流通が拡大するにつれて,困難な側面を増しつつある.それは,国際価格の変動が世界の津々浦々にまで波及し,低所得の消費者に大きな影響を及ぼすという点である.ほとんど農業生産とは無関係な投機資金の流れや為替水準の変動が食料安全保障を脅かした例は,1997年のアジア通貨危機やその直前のロシアの経済危機の例など多く見られる[5].

図6-2 食料の平均価格指数（1990年＝100）

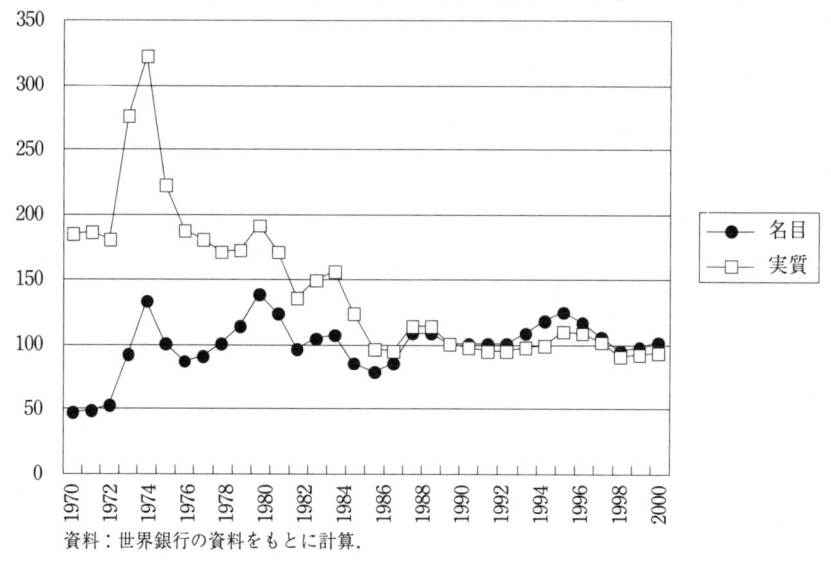

資料：世界銀行の資料をもとに計算．

　このような不安に拍車をかけるのが，後述する将来の気候変動や環境問題などの漠然とした不安である．各国はこのため，自国内で食料をできるだけ多く生産しようとする「食料自給政策」や少なくとも緊急時の食料を確保しようとする「備蓄政策」，あるいは特定の輸入先との強固な契約関係の締結などのさまざまな政策をとっている．食料不安は多くの発展途上国にとって現実の緊急問題であり，すべての人々にとって顕在化しつつある将来不安である．

2. 国際食料需給の現状と見通し

(1) 食料需給の動きと政策

　国際的な食料需給は主に貿易市場の変動によって読みとることができる．その指標となるアメリカ，シカゴの穀物相場や港湾での積み出し価格は，過去ほぼ一貫して低下しつつある．図6-2はこの価格の動きを工業品との比

較によって相対化，実質化した価格の動向を示している．現在の価格水準は 1970 年代のほぼ半分の水準であり，食料生産が需要の増加に比べて順調に推移してきた事実を反映している．また，食料生産の生産性が向上してきたという歴史的すう勢の反映でもある．

　低下傾向のなかでも，さらに細かく分析するといくつかの期間的特徴が見出される．戦後の食料増産が一定の成果を上げ，価格低下が続いた 1960 年代を経て，1970 年代初頭には，天候不順や旧ソ連邦の大量買い付けなどによる食料価格の高騰があり，「食料危機」が叫ばれた．各国は，これに対応して手厚い農業保護政策を開始し，欧州共同体が穀物輸出を増加させるなど，さらなる国際価格の低下を招来した．各国の輸出補助金等による輸出競争により国際価格は低迷し，価格補てんのための財政負担が増加した．GATT ウルグアイラウンド農業交渉はこうした農業保護の流れを変えるために行われ，一定の成果を得，国際価格は一応の落ち着きを取り戻すこととなった．その後，1996 年の不作による高騰やロシア，アジアの通貨危機などによる変動はあったが，世界経済の低迷を背景に最近年の国際価格は低位に安定している．

　各国の食料政策は，こうした需給変動の原因であり，結果でもある．基調として続く自由貿易体制への移行という流れのなかで，価格支持政策はその多くが廃止され，農家への直接所得保障政策への移行，生産増加対策に代わっての環境保全的政策の導入などが進められた．先進国を中心とする農業保護は，きわめて政治的であり，さまざまに看板を替えつつ実質的には継続していると見るべきであろう．

(2)　商品別需給の特徴

　摂取カロリーの約半分を占める穀物は，畜産物の飼料としての間接摂取も含めると 60 〜 70 % をまかなう最重要食料である．穀物のうち，コメ，小麦が食用食物として，トウモロコシが飼料として重要である．

　カロリー供給の約 2 割を占めるコメはそのほとんどがアジアで生産され

る地域作物である．コメは小麦に比べ，単価が高く，栄養価もあるが加工食品としての利用が進まず，アジアでの消費は，中高所得国で頭打ちないし減少傾向である．一方，欧米や中近東，アフリカにおいては健康食品等として需要は増加傾向である．コメは，二期作，三期作も可能で土地生産性は高く，また長い生産の歴史から水田耕作の持続性は実証されている．しかし，水を大量に使用するため，水資源が枯渇する地域での水田耕作は資源効率が悪いとの批判もある．コメはさらに多収品種の開発も有望であり，今後とも重要な主食作物でありつづけると考えられる．

小麦は欧米，オセアニアを中心にきわめて生産性の高い穀物であり，コメに比べ安価で加工に優れ，人口の都市集中，生活の欧風化に伴い，広く世界中で消費を増加させている．小麦は主要先進輸出国の主力商品であり，激しい競争が繰り広げられ，品質の向上も著しい．安価な小麦の進出によって雑穀などの地場食料が駆逐されつつあるという指摘があり，また小麦作は持続性という長い視点で見れば水田耕作に劣る可能性もある．

トウモロコシは，他の穀物とは異なる光合成メカニズムを持ち，もっとも効率的なバイオマス生産が可能な穀物である．このため飼料やバイオマスエネルギーとしての利用目的で生産は急速に増加しつつある．品種改良もハイブリット種子の採用により急速に普及し，土地生産性もきわめて高く，人類の将来を担う作物と言っても過言ではない．価格は小麦とほぼ並行して変動しているが，価格水準は他の飼料作物と同程度で安価であり，アジアの畜産物生産の増加を下支えしている．南北アメリカが輸出のほとんどを占め，小麦同様市場は寡占状態である．

穀物の収穫面積の増加を抑えているのが大豆を中心とする油糧作物である．植物油の消費は所得の上昇に比例して急速に増加する傾向があり，同じような傾向のある畜産物のタンパク飼料としても油糧作物は重要である．大豆は南米の他，中国でも作付けを急拡大しており，将来もっとも有望な人類のタンパク源である．大豆作は，窒素固定など土壌栄養分にとって良好な効果が指摘されており，持続的な生産体系のなかでも将来欠かせない作物となる可

能性を持っている．価格は需要の増減を左右する経済成長次第であるが，近年は中国などの輸入の増加によって根強く推移している．

　畜産物はいわば生鮮食料品であり，本来地場生産，消費される自給的産品であるが，流通技術の向上によって一躍国際商品となってきた．商品単価が高いため，貿易量は穀物に比べ少ないが，貿易額で見た場合，水産物と並んで重要な商品となっている．食肉，乳製品ともに各国の利害が絡む貿易品目であり，複雑な関税，割り当てシステムによって貿易が制御されている．さらに，防疫上の措置や安全面での規制など常に紛争の種になっている．流通技術がさらに進展すると貿易率はさらに高まる可能性があり，穀物などのバルク商品（大量輸送を必要とする商品）に取って代わる可能性が指摘されている．すなわち，飼料を輸入して行う加工的畜産業が衰退していく可能性がある．

　このほか，果物，野菜の貿易シェアも増加しており，さらに加工食品の貿易も増加する傾向にある．食料問題の理解はこうした商品の特徴の変化に十分留意してなされる必要がある．

(3) 将来見通しの方法

　上述したように，食料問題は多くの貧しい人々にとって「現実」の問題であるが，日本のような高所得国の人々にとっては「将来不安」でしかない．多くの先進国の研究機関は国際農産物需給動向分析を通じて，将来の食料状況について多くの研究を行っている．そこには「現実」の食料問題が将来どのような方向に進むのかという問題も当然含まれている．

　需要面と供給面についてそれぞれ分析が行われ，需給両面の均衡条件が検討される．需要を左右する要素として，将来の人口増加や都市集中，経済成長率，食料摂取の嗜好の変化などが数値化される．供給側では，今後の技術の開発と普及動向，使用される土地，水資源の状況，生産を刺激，抑制する効果をもつ各種政策の動向などがまず与件として検討される．これらの要素は過去の統計や実証的な研究事例などから推測され，数値化される．

表6-1 国際機関による長期の食料需給見通し

	IFPRI		FAO	
	1997	2020	1995/97	2030
穀物生産量（百万トン）	1,871	2,497	1,844	2,801
うち発展途上国	1,017	1,473	1,107	1,886
先進国純輸出量	104	202	107	270
穀物1人当たり消費量（kg）	318	335	322	346
発展途上国	249	275	250	281
食肉生産量（百万トン）	210	327	203	359
うち発展途上国	110	206	103	227
先進国純輸出量	1	6	0.4	7
食肉1人当たり消費量（kg）	36	44	35	44
発展途上国	25	35	23	35

資料：IFPRIホームページおよびFAOホームページより作成[6)7)]．

　こうして計算される将来の食料需要と供給は突き合わされ再検討される．現行の市場システムでは需要が上回れば価格が上昇し，供給が上回れば下落するというメカニズムが有効に機能しており，将来の市場でも調整が行われる．食料需給予測で用いられる需給モデルは，以上のような分析を方程式に組み入れ計算機の中で回答を出すシステムである．

　商品別，国別に詳細な分析を行うものから世界全体の食料全般を対象とするものまでモデルの種類，用途はさまざまであるが，このような分析の常として以下のような長所と短所を確認しておく必要がある．まず，需給分析が食料問題の一面，とくに市場で取引される商品に着目した分析であり，自給自足が行われているような地域について考察できる事柄はきわめて限られているということである．さらには，分析が数量的な統計資料を基にしており，食料問題が持つ社会的，文化的な側面を考慮し得ない点も重要である．しかしながら，モデル分析は，複雑な問題を単純化し，その変動メカニズムを明快に再現してくれるため，ある条件が変化した場合の結果を見事に示してくれる．このような道具立てなくしては系統だった分析は不可能である．

(4) 将来見通しの結果と意味

現在，定期的に世界の食料問題について将来予測を発表しているのは，国連食糧農業機関 (FAO)，経済協力開発機構 (OECD)，アメリカ農務省 (USDA)，国際農業研究機関の1つである国際食料政策研究所 (IFPRI)，アイオワ州立大学とミズーリ大学の共同研究所である食料農業政策研究所 (FAPRI) などである．これらが発表する予測結果は，関与の濃淡はあるものの上述の農産物需給モデルの分析結果を基にしたものである．FAO と IFPRI は比較的長期の予測（それぞれ 2015/2030 年と 2020 年が目標年次）を行っているのに対して，OECD，USDA，FAPRI は 5 年から 7 年の中期の予測を行っている．手法は似かよっていても，それぞれの予測の目的は微妙に異なっているため，結果も当然異なっている．先進輸出国が関与する貿易市場を対象とする OECD，FAPRI に対して FAO や IFPRI の分析は農業を主産業とする発展途上国の農業開発の道筋を明らかにしようとしている．

予測結果は表 6-1 に示されるように，総じて将来の食料生産，消費の増加率が低下するとともに，価格はやや低下の傾向で，また貿易が拡大して先進国から途上国へという食料の流れがさらに明確になるというものである．地域的には高い経済成長率が前提条件として期待される中国などアジアの発展途上国で，食料消費の高度化，多様化が進み，飼料等の輸入が増加する．一方，人口1人当たりの実質経済成長が期待できないサハラ以南アフリカでは，1人当たり食料消費，生産とも停滞し，食料不足の現状が解決できそうもないという数字が示されている．商品別では，小麦，トウモロコシのシェアが高まり，畜産物，油糧種子の高い増加率が引き続き維持される．食肉では健康志向を反映し，鶏肉のシェアが高まる．

一方，需給モデル等の手法によらず，今後起こり得る環境問題や資源制約を念頭において独自に警鐘を鳴らす研究も数多くある．「成長の限界」で用いられたシステムダイナミックスモデルを用いて将来の破局の可能性を示したものや，水資源，土壌資源の制約に注目して，将来の食料不足に備えるべきであると指摘した分析がある[8)][9)]．

食料問題の将来見通しは，以上のように世界市場ベースでは，人口の伸びの鈍化を背景に低成長の時代が来るというものであり，地域的な格差が依然として残るというものである．他方，資源の制約や環境問題の深刻化は従来の需給モデルを使った分析では必ずしも十分に分析されておらず，大きな不確定要素となっている．国際的な価格水準の下落が今後も続くとする楽観的な予測結果はややもすると現実にある地域的な不均衡やモデル分析に反映されていない未経験の事態の発生による変化を見過ごさせる可能性を秘めている．このような点について地球的視点からさらに深く考察する必要がある．

3. 有限な食料生産資源

(1) 水資源の有限化

「緑の革命」を支えた重要な資源は灌漑水である．灌漑面積の増加と穀物収量の増加には強い相関があり，事実，導入された高収量品種の栽培には従来品種とは比較にならない水管理が要求される．その時期，新品種の導入と呼応するように国際社会や各国社会による大規模な灌漑施設への投資がなされた．そのうちの一部には必ずしも当初の目的を達成していないものもあるが，農業用水の需要は急速に増加した．工業用水や生活用水の需要が増加したため，人類が利用する地表水に占める農業用水の割合は増加こそしてはいないが，それでも約7割の利用は農業用水であるとされている．降水の多くは蒸発散し，空中に戻るため，利用可能な淡水資源はごくわずかである．その資源をさまざまな施設を駆使して利用するが，降水の少ない乾燥，半乾燥地域にあっては，利用可能な真水のほとんどが利用し尽くされているのが実態である．一方，アマゾン等水の豊かな地域で人が利用する真水の割合は依然数％程度である言われている．

地域的な資源分布の不均衡が資源の過利用を招き，食料の持続的生産を阻害している．中国を例にとると，華北，黄河流域では水資源はすでに限界が見えており，黄河の断流現象や下流域での地下水位の低下現象が現実のもの

となっているのに対し、長江流域や華南では、十分な水資源があり、しばしば洪水に見舞われている。地下水に頼る乾燥地の灌漑は、深層の化石水までも利用している場合もあり、このような食料生産は、明らかに持続的でない．

さらに水資源問題を深刻化させるのが、農業外利用の増加である．IFPRIの研究によれば、低所得国で全水利用の9割を占める農業用水の割合は、高所得国においては4割弱に減少する[10]．すなわち、所得の上昇に伴い、工業用水、生活用水との競合が激しくなり、結果として農業用水への割り当てが少なくなるのである．

農業用水に関しては、その利用効率がしばしば問題にされ、点滴灌漑や地中灌漑などの新たな節水技術や、水配分に関して市場メカニズムを導入する動きがある．利用効率の改善の余地は十分にあるが、それに多くを期待できるのかどうかについては楽観できない．確実にいえることはアメリカ、中国、インドなど主要食料生産地での水制約は必ずや食料価格の全般的な上昇として反映されるだろうということである．

(2) 土地資源・土壌資源

可耕地面積は過去40年間に全世界で約10％増加している．この多くは森林からの供給であり、一方で都市的利用のための改廃も進んでいる．今後はアフリカ、南米地域を除けば、農地の目に見える増加は期待できない．人口が増加するに従って1人当たりの可耕地面積は減少を続け現在では世界平均で0.3ha以下、アジアでは0.15ha以下にまでなっている．人類は50m×50m程度の小さな土地で年間必要とする食料、飼料、繊維原料などすべてを生産しなければならないのである．

計算によれば、食料生産の可能な潜在土地面積は現在の農地の倍以上存在すると言われる．その多くは現在森林、原野等であり、生物資源の維持、水源かん養、CO_2の吸収などの人類生存にとって欠くことのできない重要な機能を果たしている．上述のような潜在農地の計算結果をもって土地資源は十分とする考え方は到底受け入れがたく、また、農産物価格が上昇すれば開発

が進み農地は十分に供給されるという考え方も同様な理由から支持できない．今後人類は既存の農地をいかに有効に利用していくかに腐心しなければならない．

　土地の「質」も問題である．土地の表層に存在する土壌，土は長年の生命活動によって蓄積された生命の源である．人類の生命もこの土なしには存在し得ない．しかしながら，近代農法による過耕作や不適切な管理による土壌の劣化，流亡の事例が後を絶たない．いったん失われた土壌は容易に回復せず，土壌中の複雑な物質循環メカニズムは未知の領域である．後述するような化学肥料の多投による収量の頭打ちあるいは減少現象も将来の不安要因の1つである．

(3)　生物資源

　食料生産は，生物を用いた生産活動であり，生物それ自体の改良も不可欠である．何千年という農耕の歴史で植物や動物が改良され現在に至っている．しかし，経済のグローバル化のなかで，画一的な農業技術が普及し，多収の品種などごくわずかな数の品種が世界中で栽培されるようになってきている．アイルランドの飢餓は，単一品種のジャガイモが病害で大きな被害を受けたことに端を発したという事実はこのような単一品種が脆弱なシステムであることを物語る例である．多くの研究機関は種子バンクなどにより無数の有用種子を保存しているが，新たな病害等を克服するためには原種，野生種など自然界に存在する生物資源の活用が重要となる．生物多様性の維持は，長い将来を見据えた場合きわめて重要な生産資源となるが，現状の森林，原野の減少はその資源の減少が進行していることを示唆している．

　一部の科学者は，バイオテクノロジー等により画期的な改良が可能であると説明するが，作物や家畜が生物である以上，その改良には自ずと限界がある．過去に長年を要した改良が新技術により短期間に達成されるなどの効果は否定できないが，遺伝子組み換え技術等に過大な期待をすることは危険である．

遺伝資源の利用と保存は，人類生存の根源的な問題であり，一国や一社会の利害を超えて考えられるべき問題である．知的所有権制度や原産国の所有権の過度な主張など現在きわめて複雑な議論が闘わされている．すでに天然林を切り払った国々の人々が他国に一方的にそれを守らせようとするのは公平ではないし，技術開発資金を持つ者のみが開発の利益を得るという仕組みにも問題がある．負担を公平にしつつ，技術開発のインセンティブも失わせない道が真剣に探られねばならない．

(4) 農業技術

食料生産資源として忘れてならないのが，人的資源である．農業とくに穀物生産などに新規参入が少なく，会社経営も行われない理由は，その活動が知的経験に基づくもので1年に一作か二作であるため，高いリスクがあるからである．その土地土地の気候，土壌条件ごとに異なる栽培管理が必要であり，そのような経験が家族労働により親から子へそして孫へと受け継がれてきたのである．

近代農法の導入とグローバル経済による市場競争はこうした土着技術の伝承を困難にしている側面がある．多様な農業の存在は，生物多様性の維持と同様に，持続性にとって不可欠なものである．たとえ現在は生産性が低くとも，未曾有の気象変動などに対して有効な農法が発見される可能性があるからである．多様な農産物とそれを利用した食文化は人類共通の財産である．

一方，近代的な科学的知識に基づく技術の導入や機械，施設の利用も生産性向上にとっては不可欠である．農業技術に関する知的資産は，このような近代的農法に関するものについては着実に増加していると考えられているが，その活用については，学術的研究と応用場面での距離が離れる傾向があること，知識が私有化される傾向があること，技術の普及に関する公的部門の役割が減少していること等から必ずしも楽観できない状況にある．

また，農業開発に対する投資は農産物価格の全般的低迷を背景に減少傾向にあり，研究機関での研究の中断や，灌漑施設の維持管理の中断など目に見

える悪影響が多く伝えられている．農業技術開発の成果は，広く流布されやすく，公共財的な性格があるため，私的研究機関での知的所有権の確保が容易でない．このため，投資の費用対効果がきわめて大きいにもかかわらず，投資が進展しないというジレンマがある．公的部門の私有化の流れのなかで農業技術開発に逆風が吹いている．

21世紀は生命科学の時代とも呼ばれ，バイオテクノロジー研究が脚光を浴びている．有用作物の育種技術などの分野で画期的な進展が期待されているが，はたしてバイオテクノロジー技術が上述したような水資源，土壌資源などの有限性を克服するような作物を作り出すことができるのかについては議論があるところである．これまでに実用化された遺伝子組み換え作物は主として，特定の農薬に対して耐性をもつもの，栄養成分や日もち性などの改良などであり，収量の画期的な増加などはいまだ途上の技術である．わが国では国際農林水産業研究センターなどで耐乾燥性など資源制約を緩和する可能性のある研究が実施されているが，実用化までにはさらに時間を要する．遺伝子組み換え作物に対する社会的認知は確立しておらず，広く消費者に受容されるかどうかについても楽観できない．科学者および関係者は一層の説明努力を行う必要がある．

4. 地球環境問題と食料問題

(1) 地球温暖化と農業

いわゆる地球環境問題の中で将来もっとも深刻と考えられているのが，地球温暖化である．気候変動に関する政府間パネル（IPCC）は2001年に第3次アセスメントを発表し，今後100年間に地表の平均気温は1.4〜5.8℃上昇するだろうと予測している[11]．作物の収量がこれにどのように反応するかについては，単純ではないが，二酸化炭素の増加による光合成促進作用のプラス面を相殺して余りあるマイナス効果が，暑さや干ばつによって引き起こされるとする見方が一般的である．

影響は，地域的に異なり，寒冷地の高緯度帯では増収，低開発国の多い低緯度帯では減収すると見られている．アメリカ環境保護庁などが関与した予測では，地球温暖化により食料不足人口は 2020 年で 1,000 ～ 3,000 万人程度増加すると計算されている [12]．しかし，さらに重要と考えられるのは，こうした長期間にわたる漸進的な変化ではなく，エルニーニョ現象に見られるような異常気象の頻発である．洪水，干ばつといった地域的，局地的被害は直接的に食料不安を増大させる．また 2100 年までに最大 88cm 上昇すると予測されている海面の上昇は，海岸付近の肥沃な農地の消滅と海水の浸入による塩害の増加という点でさらに深刻である．世界銀行のレポートに掲載された研究によれば，海面 1m の上昇でバングラデシュのコメ生産は半分になると予想されている [4]．

このほか，雪どけや雨期の変化による水利用の変化による作物生産への影響，害虫の発生や雑草の種の変化など農業生産にとって気候変化は予想外の影響を及ぼすと見られている．しかし，これらの多くの影響について人類が無為に過ごすとは考えられない．栽培方法や品種の改良，施設の利用によって長い年月をかけて対応することは不可能ではない．地球規模での気象モニタリング技術の進歩には目を見張るものがある．問題はこうした技術や資金を持たない発展途上国の生産者や消費者が，もっとも被害を受けやすく，またもっとも対応能力が低いと考えられている点であろう．食料安全保障上もっとも脆弱と考えられている地域の 1 つである南アジアの諸国で降水量が減少すると見られている点にも注意を要する．

食料生産は，一方で地球温暖化の原因でもある．農地や家畜から発生されるメタンガスは温室効果ガスの大きな部分を占めており，農地や森林による CO_2 の吸収，固定の機能の減少も危惧されている．このような分野の研究を進展させることも食料生産の安定と無関係ではない．

(2) 環境保全と食料生産

農業は自然を破壊する一面を持っている．とくに近代的農法に不可欠な農

薬（殺虫剤，除草剤，殺菌剤など）や化学肥料などの化学物質の土壌環境への投入は土壌の汚染のみならず，地下水，河川，大気への浸透，放出につながり，一部の地域では深刻な環境問題となっている．農薬は特定の生物に大きな被害を与え，営々と築かれてきた生態系を破壊する．先進国ではすでに使用が禁止されているような農薬が規制のゆるい発展途上国で大量に使用されている例も見られる．残留農薬として土壌中に長年残る場合もある．

　窒素肥料の過投入から生じる水の硝酸塩汚染はすでに米国等の人々に被害をもたらしており，各国で化学肥料や家畜糞尿の投入規制策が実施されている．とくに単位面積当たりの生産性の高いオランダでは肥料投入に対する課税などが実施されている．アジアの農業も集約度が高く，多毛作が行われる畑地や茶園などでの肥料の過投入の例が多いが，水田では比較的影響が顕在化しにくいと言われている．

　肥料の過投入はいわば先進国型の土壌問題であるが，発展途上国の多くでは反対に過耕作による土壌劣化の問題が深刻である．アフリカなどでは，肥料不足が水不足よりも深刻な問題であるとする科学者も多い．一方，化学肥料に強く依存する近代農法は土壌中の有機物を収奪し劣化を加速させる場合も多く，アジアの多くの地域で近代農法への反省が生まれている．

　さらに，草地（採草地，放牧地）の過放牧等による劣化も深刻である．年間降水量が800mm程度以下のステップ（半乾燥地帯）での限界を超えた放牧は，直接砂漠化の進行の原因となり，回復には長年の休閑を必要とする．このような地域での灌漑農業は，地中塩分の上昇を招き塩害を生じさせる．アラル海地域，また旧ソ連時代の広大な穀倉地帯が不毛の平原と化している状況はあまりにも有名である．

　農業はまた，森林も破壊する．人類の歴史は食料や燃料の生産のための森林破壊の歴史と言っても過言ではない．ギリシア，ローマ時代の故事を引くまでもなく，近代のアメリカ大陸開拓の歴史は好例である．現在でも，アマゾンの熱帯林の牧場化やインドネシアなどのパームヤシ園の急速な拡大など森林の消滅が継続している．

(3) 食料の安全性

　地球環境問題は上述のような目に見える現象にとどまらない．ここ数年，より人々の関心を集めているのが，食品そのものの安全性の問題である．人々を育て，生命を維持するための食料が人体や周囲の生物にとって有害な物質によって汚染されはじめている．もっとも端的なのがダイオキシンなどの化学物質による汚染である．すでに母乳の多くが多かれ少なかれ汚染されているという事実は人々に戦慄を与える出来事であろう．

　さらに，深刻なものがいわゆる環境ホルモンによる汚染である．魚介類等による生物濃縮により人体による吸収量がいつ限界量を超えても不思議ではなく，影響は世代を超えて続くとも言われている．食品の生産段階での添加物はもとより，農産物の生産段階での農薬，家畜への成長ホルモンの供与などに一層の注意が払われつつある．

　もともと，地場流通産品であった畜産物および飼料の広域流通が進展するにつれて，家畜の疾病の伝播のスピードも格段に上昇している．1980年代からイギリスで確認されたBSE（いわゆる狂牛病）は，またたく間に欧州全域に拡大し，わが国でも確認されるに至った．伝染力の強いFMD（口蹄疫）に対しては，非汚染国における強力な防疫措置にもかかわらず，ここ数年欧州をはじめ台湾，韓国，日本などで発生が認められ，世界の牛肉，豚肉の貿易構造に異変を生じさせた．

　食品の安全性への消費者の関心は先進国のみならず途上国を含めて年々上昇しており，今後も貿易の流れを左右する大きな要因の1つとなる．経済のグローバル化により，世界中の食料が各地に飛び交う現在，その安全性の確保のための規制のあり方が大きな議論となる．遺伝子組み換え作物や成長ホルモンを使用した農産物の貿易については，貿易論争の主要なテーマとなっている．「科学的な議論をベースにした規制」という議論では一致を見るものの，科学的に不確定な分野が多い農業生産では予防的措置をとることの是非が争われている．安全を理由としてどこまでの貿易制限が可能かについては，後述するような農業生産の持続性の議論とも深く関連している．

(4) 静脈産業としての役割

　農業などの食料生産活動は自然の生態系を利用し，人間中心の生態系を構築する営みである．食料生産活動は，たとえそれが温室を用いた水耕栽培のような工業的なものであったとしても，生物を利用した生産であり，生命，生態系を無視した活動は成立し得ない．環境問題の多くは，こうした生命，生態系の不適切な状態であり，人間活動によって極端な物質の集積が生じたような場合，それを生物の力で解決するという取り組み，たとえば，微生物を用いた汚水の浄化や化学物質の無害化，植物による空気や水の浄化などが行われつつある．農業には環境回復のためのいわば静脈産業としての役割も期待されているのである．

　江戸時代，わが国は鎖国政策によって，食料等を当然のように自給していたが，そこでは都市の廃棄物の農村への還元や森林から農地への有機質の移動などバランスのとれた合理的な物質循環のシステムが形成され，化石資源の利用なしにほぼ再生可能資源のみによる人間活動が営まれていた．現代の快適な生活に慣れた私たちがこの時代の暮らしに戻ることなど想像もできないが，遠い将来，このようないわば「生態農業」とも言うべき営みに似た物質循環システムが求められることは十分に想定される．

　人が生きる限り食料は必要であり，その活動はこの先何万年も続けなければならない．それを前提にした時，自ずとどのような食料生産システムが究極の目標として掲げられるべきかが見えてくるのである．

5. 持続的食料生産への課題

(1) 持続的食料生産とは

　今から約10年前にリオデジャネイロで開催された地球環境サミットで脚光を浴びた概念が「持続性（sustainability）」である．この概念は人間活動一般についてのものであり，地球の有限性が認識されたことの裏返しでもある．旧来の経済学は，資源の有限性を念頭に置かず，そのような究極の事態は仮

定の外に放置してきたが，地球環境問題群の顕在化によって新たな概念構築の必要に迫られたのである．

　しかしながら，このような概念は私たちの伝統的な社会では古くから存在していたものである．森の木々を世代間で受け継いだり，廃棄した方がよいような道具を永く使い続けたりする行為は，過去の経済学では必ずしも「合理的な」活動ではなかったが，現に社会の知恵として存在していた．

　持続的食料生産を理解するもっともよい例は，海洋漁業資源であろう．乱獲による資源枯渇などにより，世界の海洋漁業生産はすでに減少しつつあり，資源保護のための再生可能な漁獲限界が存在することは明らかである．栽培漁業や内水面養殖などにより漁業生産の総体は増加可能ではあるが，自然生態系からの略奪的漁業は，漁獲技術の向上に反比例して困難な状況を迎えつつある．

　農業の分野では，アメリカなどで化石水や燐酸肥料など有限な投入物をいかに少なくするかという LISA（低投入持続的農業）運動が早くから始められ，さらに社会的側面をも加味した SARD（持続的農業・農村開発）へと展開してきた．さらに今日では，食品の安全性とも関係してオーガニックファーミング（有機農法）運動が広く普及しつつある．極端な場合，化学肥料や農薬を一切使わない，江戸時代さながらの農業が実践されており，その規模は消費者の支持によりアメリカなどで年々拡大しつつある．最近では化学肥料依存により地力の低下を経験した途上国でも似たような伝統農法回帰の動きが見られる．

　持続的食料生産とは，限られた土地を末長く利用する定住社会の掟であるといえる．地球から開拓のフロンティアが消滅し，移住に限界が見えた現在，この掟に従って生きる技術こそが重要である．それは単に伝統的なものへの回帰では不十分であり，人類の科学的知見を総動員した，物質循環，生態系メカニズムの解明の上に立つ技術であるべきである．問題は，そのような解明が簡単でない点である．土の中で起こっているさまざまな微生物活動，化学反応を詳細に捉えることは，宇宙の果てを知ることと同じように困難だか

らである．多くの有機農法や生態農法の推進者が，自然崇拝のような哲学的な議論に傾くのも仕方ない面がある．

(2) 農業の多面的機能の評価

　持続的な食料生産活動は，資源の保全や災害の防止などの副次的な役割を果たすが，こうした役割は市場での評価が存在しないために経済的に無視され，生産性の高くない持続的な農法ほど市場競争で淘汰されるという皮肉な結果が生じてきている．近年，欧州などを中心にこうした環境保全などの多面的機能を認識，計測し，十分な補償を行うべきであるという議論が巻き起こっている．

　わが国でも下流の住民が上流の水源林のために資金を提供するなどの動きは従前からあったが，貿易交渉の結果による農業補助金の削減の動きを受けて，農業の公益的機能という考え方が広まり，現在では広く多面的機能の評価とそれに基づく農業者への所得保障の可能性が論じられている．農業の多面的機能としては上述の機能のほか，景観の保全，生物多様性の保全，定住社会の維持や伝統文化の保全，さらには食料安全保障などが挙げられている．

　さまざまな科学的方法によってこうした機能の経済的価値が計算される手法が開発されつつあり，また政策選択のための総合的評価の手法についての研究も進んでいる．このような食料生産活動が持つ外部経済効果，公益性の評価が適切になされることにより，短期的な利益の追求による資源の乱用や環境破壊が減少することは十分考えられる．

　一方，このような機能を口実とした保護貿易が公正な資源の配分を阻害するという批判は根強く残っており，WTO等で議論になっている．有機農法同様この多面的機能についても，裕福な先進国の人々にのみ理解される概念で，食うや食わずの発展途上国の農民には縁のないものとの批判もある．しかし近年，農業に対する途上国政府および国際社会からの支援が縮小され，途上国農業が競争力を持ち得ない状況のなかで，その評価は変化している．途上国においても農業活動の疲弊がさまざまな社会的コストを増大させてい

る事実が認識されているのである．

(3) 貿易による資源配分

　貿易によって人類社会が利益を得，豊かさを享受している事実は否定しようがなく，経済のグローバル化は食料の面でも動かしがたい大きな潮流である．比較優位の原則のもと資源が効率的に分配され，国際間の分業が深化していく．それは封建領主の支配する社会で地場消費されていた産品が国民国家に移行していく過程で全国的に流通していく状況ときわめて類似しており，歴史の必然とすら言える．

　問題は，有限な資源をいかに公正に効率的に，そして持続的に利用するかにあるが，この点で現在の国際間の市場制度には限界がある．上述したような食料生産における外部経済の存在や，エアコン付トラクターと所得保証による先進国農業と鍬一本で健康保険もない途上国農業との競争条件の格差の存在は，弱肉強食のメカニズムによって資源の適正な管理システムが破壊されてしまう可能性すら示唆している．

　地球政府的な機能が不十分な国際社会には，先進各国の国内には当然あるような所得の再配分システムや公共財への投資，安全ネットなどの社会福祉制度はほとんど存在しない．市場メカニズムをより良く機能させるための基盤とルールが未整備なままでの経済先行のグローバル化は，バランスのとれたグローバル化とは認めがたいのである．

　地球上の資源を総体として有効に利用するための1つの方策として「資源生産性」の概念の導入がある．現在のシステムでは労働，土地，資本など投入要素の生産性の高い順に競争力が与えられる．とりわけ労賃の高低は重要であり，日本の農民1人当たりの労賃は，中国のそれの数十から数百倍になる．この基準では短期的な利益が優先され，また，賃金水準や資本装備の多寡が配分を支配することになる．水，土壌，生物などの希少資源の価値を明らかにし資源当たりの生産性を基準にすれば，豊かで持続的な生産が可能な土地が放棄される一方で，砂漠化寸前の土地で過放牧され，生物資源の

宝庫たる熱帯雨林が破壊されるような事態は少なくとも防止できる．もちろんそれぞれの資源間の調整をどうするか，このような基準を用いることによってはたして貧困は解消されるのかといった問題は残っている．しかし資源生産性の考え方自体は十分柔軟であり，多くの面で採用される余地はあるであろう．

(4) 新たな世界食料システム

　貿易交渉において常に農業が別枠で論じられるのには，これまで述べてきたようなさまざまな理由が存在している．栄養不良人口をなくし，将来のための食料生産資源を保全していくという2つの課題を両立させていくためには，持続性と効率性という相反する価値を上手にバランスさせていくという困難な問題を解決しなくてはならない．自由貿易の拡大のみでは問題を解決するどころか，問題を複雑化させ，社会的コストを増大させる恐れがある．工業品と食料とを同一に扱おうとする一部の議論は一見論理的であるが，危険な側面を持っている．

　グローバル化に反対する農民たち，環境主義者たちの背後には，それぞれの現場で個々具体的な問題が深刻化しているという実体験が存在している．食料の分野においても現場や地域に根ざした取り組みを可能とする社会システムが求められている．地域通貨の発行や地産地消，自給自足の運動はグローバル化とは対極をなす動きであるが，恐らく回答はこういった活動の根源にある考え方から導きだされるであろう．

　もちろん，現時点で市場システムに替わり得る経済システムは存在せず，これまで述べてきたような農業や食料の特性から生じるさまざまな問題に対応した調整を行いつつ，これを活用していく以外に当面の道はない．新たな世界の食料システムにはどうしてもこうした調整が必要である．競争を補う協力，分業を補う共生なくしては，現実の栄養不良の解決も将来の食料不安の解消も到底期待できないであろう．

注

1) FAO, *The State of Food Insecurity in the world 2001*, Rome: FAO, 2001.
2) FAO, *Rome Declaration on World Food Security and World Food Summit Plan of Action*, Rome: FAO, 1996（国際食糧農業協会訳『FAO世界の食料・農業データブック』農文協，1998年）.
3) United Nations, *World Population Prospects-the 2000 revision*, New York: United Nations, 2001.
4) World Bank, *World Development Report 1999/2000 Entering 21st Century*, Washington D. C: World Bank, 1999.
5) FAO, *FAO/WFP Crop and Food Supply Assessment Mission to Indonesia*, Special Report, Rome: FAO, 1998.
6) Rosegrant, M. W., M. S. Paisner, S. Meijer and J. Witcover, *Global Food Projections to 2020, Emerging Trends and Alternative Futures*, Washington D. C: IFPRI, 2001.
7) FAO, *Agriculture: Towards 2015/30, Technical Interim Report*, Rome: FAO, 2000.
8) Meadows, D. H., D. L. Meadows and J. Randers, *Beyond the Growth*, Vermont, U. S. A.: Chelsea Green Publishing Company, 1992（茅陽一監訳，松橋隆治・松井昌子訳『限界を超えて―生きるための選択』ダイヤモンド社，1992年）.
9) Brown L. R. and H. Kane, *Full House: Reassessing the Earth's Population Carrying Capacity*, W. W. Norton & Company, 1994（小島慶三訳『飢餓の世紀』ダイヤモンド社，1995年）.
10) Rosegrant, M. W., *Water Resources in the Twenty-First Century: Challenges and Implications for Action*, IFPRI Discussion Paper 20, Washington D. C: IFPRI, 1997.
11) IPCC, *Climate Change 2001: The Scientific Basis. Contribution of Working Group I to the Third Assessment Report of the Intergovernmental Panel on Climate Change* [Houghton, J. T., Y. Ding, D. J. Griggs, M. Noguer, P. van der Linden, X. Dai, K. Maskell and C. I Johnson (eds.)], Cambridge: Cambridge University Press, 2001.
12) Parry, M., C. Rosenzweig, A. Iglesias, G. Fishcher, and M. Livermore, Climate Change and World Food Security: A New Assessment, *Global Environmental Change* 9, pp. 51-67, Oxford: Elsevier Science, 1999.

第 7 章
食の多様性と農業の展開方向

丸 岡 律 子

はじめに

急速に進展するグローバル化の中で,生活の必需品である食料とそれを生産する農業がどのように変化して来たのか.本章では日本の戦後の経験を先進工業国と比較しながら跡付けることによって,WTO 体制の中での農業のあり方を提示することを試みる.

1. 食の変化——需要サイドの構造

(1) 日本の食の変化

日本の食生活は 20 世紀後半に大きな変化を経験した.図 7-1 によってそれを確認しよう.食生活の変化を見るには,実際に消費された食品の量を測ればよいが,これは事実上かなり困難である.それで,日本をはじめとして FAO(国連食糧農業機関)の統計では供給量によってそれを把握している.供給量は国内生産量に輸入量を加え,ここから輸出量を引いて算出している[1].供給量と消費量とには若干の差があるが,全体的な傾向をみるには十分である.

まず,目を引くのが主食であるコメの減少である.1960 年から 2000 年までの 40 年間で 1 人 1 年間に 114.9kg から 64.6kg へと約 44 % 減少している.それに対して肉類は 5.0kg から 28.5kg へと 5.7 倍に,牛乳・乳製品も 22.3kg

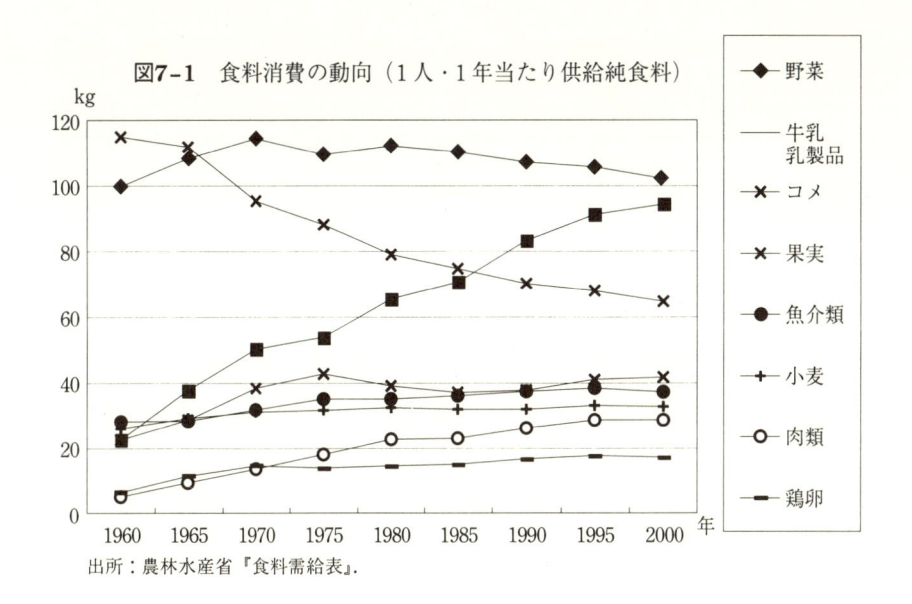

図7-1 食料消費の動向（1人・1年当たり供給純食料）

凡例：◆野菜　—牛乳乳製品　—×—コメ　—×—果実　●魚介類　＋小麦　○肉類　—鶏卵

出所：農林水産省『食料需給表』．

から94.3kgと4.2倍になって増加が著しい．この変化がいわゆる食の「近代化」と同一視された食の「西洋化」プロセスである．コメと肉類の変化はとくに60年代後半から80年代までが激しく，その後の変化は比較的穏やかであり，一種の均衡状態に達しているといえる．牛乳・乳製品は80年代以降も伸び続け，90年代後半になって増加の程度が穏やかになってきた．

　この結果，食物が供給する熱量は，1人1日当たり，1961年に2,462kcalであったのが，1999年には2,782kcalと13％の増加を見た．これも，60年代の伸びが著しく，1970年には2,716kcalとなっているから，60年代の10年間に10％増加した．その後は1988年に2,840kcalの最高値を示した後，90年代は停滞もしくは低下している．

　1人当たり1年間の食料供給量はこのような推移をしてきたのであるが，それを食生活の型（パターン）としてとらえるとどうなるであろうか．「日本型」食生活といわれる一般のパターンは，コメや野菜が多く肉が少ない，といった特徴を持つ．栄養学の分野ではこれを単純化して炭水化物，脂質，タンパク質の熱量比率で示し，それぞれの適正比率を提唱している．それによ

ると，おおむね，炭水化物が 57 ～ 68 %，脂質は 20 ～ 30 %，タンパク質は 12 ～ 13 %の熱量を摂取するのが良いとされている[2]．

　先に見た食料消費の動向をこの熱量比率で表すと，1960 年に炭水化物 76.4 %，脂質 11.4 %，タンパク質 12.2 %であったのが，80 年にはそれぞれ 61.5 %，25.5 %，13.0 %，96 年には 56.7 %，29.7 %，13.6 %となっている．前述の食の近代化も，この熱量比率の側面から見ると，日本型食生活の枠組みの中での西洋化であったことがわかる．60 年には炭水化物が過剰で脂質が過少であったのに対して，96 年には炭水化物は適正基準の最低ライン，脂質はその最高ラインを示すまでになった．つまり，この 40 年間で食の大きな変化が見られたが，その到達点である現在の食生活は日本型食生活の適正パターンを実現していることになる．

(2) 日本の食の変化の特殊性

　食の変化を国際的に比較するために，先に述べた日本における変化を要約しよう．その方法として，1 人 1 日当たりの熱量供給量とその熱量の動物性食品による比率を指標として取り上げる．このいずれも経済の発展とともに上昇する傾向にあるが，供給量には上限があり，ある程度のところで上昇は停止する．指標の上昇は経済の発展を示唆し，指標の上昇後の停滞ないしは降下は経済の成熟を示唆する．この指標の上限は，食料消費の生物的な限界によるものである．

　日本を含む先進工業国の 1961 年から 1999 年までの食の変化をこの 2 指標によって示したのが図 7-2 である．日本の場合，1961 年以後一貫して右上へとシフトしている．しかし，ある程度の水準に達するとそれほど動きは見られない．1987 年に 1 人 1 日当たり熱供給量が 2,800kcal となり，その後は停滞ないしは逓減している．これは前述のとおりである．一方，前述のように日本の食生活はコメや野菜が多い，という特徴を持つとされるが，言い換えると食物全体に占める肉類・魚介類など動物性の食物の比率が少ないことになる．この動物性食物比率は 61 年においてわずか 9.7 %であったが，80

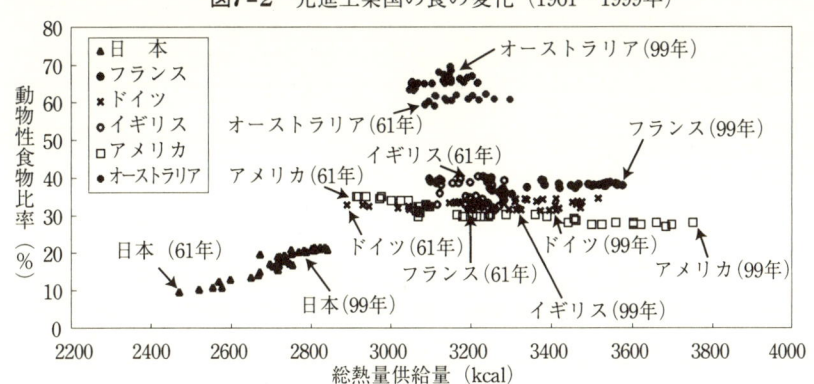

図7-2 先進工業国の食の変化（1961〜1999年）

縦軸：動物性食物比率（％）
横軸：総熱量供給量（kcal）

凡例：日本、フランス、ドイツ、イギリス、アメリカ、オーストラリア

プロット注記：オーストラリア(99年)、オーストラリア(61年)、フランス(99年)、イギリス(61年)、アメリカ(61年)、ドイツ(61年)、ドイツ(99年)、アメリカ(99年)、フランス(61年)、イギリス(99年)、日本(61年)、日本(99年)

出所：FAO, *Food Balance Sheets*.

年代前半まで一貫して上昇し，85年には20.2％となった．しかし，その後は21％前後で安定している．ほぼ，この水準が日本における成熟した食パターンといえるのであろう．

では他の国ではどのような変化をして来たのであろうか．まず，欧米における変化を見てみよう．図7-2において，比較的総熱量供給量の少ないドイツを例に取ると，総熱量供給量は61年の2,900kcalから88年の3,520kcalまで上昇を続け，その後は3,400kcal程度を前後している．日本と同様に80年代前半まで上昇，その後停滞という同じような変化を示すが，その幅は日本に比べて小さい．一方動物性食物比率は，61年に32.7％，その後緩やかに上昇して80年代後半には34.3％となるが，その後は31％台となっている．つまり，総熱量供給量と同様の変化が見られるが，その変化の幅はさらに小さく，40年間ほとんど変化していないとも見ることができる．

イギリスとフランスはドイツとほぼ似た変化をたどってきた．ただし，動物性食物比率に関しては，イギリスの場合40％前後と高かったが80年代後半以降低下し，31％程度になっている．これは元来高かったこの比率が人間にとって適正な水準になってきたといえよう．フランスは逆に60年代の32％前後から90年代には38％前後と上昇を続けている．しかし両国と

第7章 食の多様性と農業の展開方向　149

も総熱量の点では80年代後半からそれぞれ3,400kcalないしは3,500kcal程度を保ち，成熟の様相を呈している．

　これらに対し，アメリカの総熱量供給量の変化は著しく，61年の2,883kcalから99年の3,754kcalまで一貫して増加した．そして，同じ期間に動物性食物比率は35.1％から28.0％にまで減少している．これはいわゆるベジタリアンに代表される健康志向の影響により，野菜の消費が増加したことによると考えられる．オーストラリアの場合，総熱量供給量はイギリスなどとほぼ同様であるが，動物性食物比率は他国と大きく異なっていて60～70％ときわめて高い水準を示している．

　ここからいえることは，第1に，これらの国々では1960年当初においてすでに日本が80年代に到達した熱量レベルあるいはそれ以上にあることである．国によって異なるが，おおよそ3,000kcalの熱量供給量がある．スイス，イギリスなど，3,200kcalを超える国もある．ここで注意を要するのは，適正な熱量供給量は主として体重によって規定される点である．FAOによれば，56kgの通常の労働を行う男性は1日に3,000kcalを必要とする[3]．したがって，欧米先進工業国の過去40年間の状況はこれを満足する水準にあることを示している．

　第2に，動物性食物比率は食生活パターンを表していると考えられるが，欧米先進工業国のいずれにおいても変動幅が小さく，食生活パターンに大きな変化がないことを示唆している．過去40年間，オーストラリアを除く各国の動物性食物比率は30～40％の水準にある．オーストラリアの場合，この比率は60～70％のきわめて高い水準にあるが，過去40年間の食生活パターンには大きな変化がない．このことは，日本型食生活パターンとは異質といえる肉食中心の「欧米型」食生活パターンが40年以上にわたって維持されていることを示している．

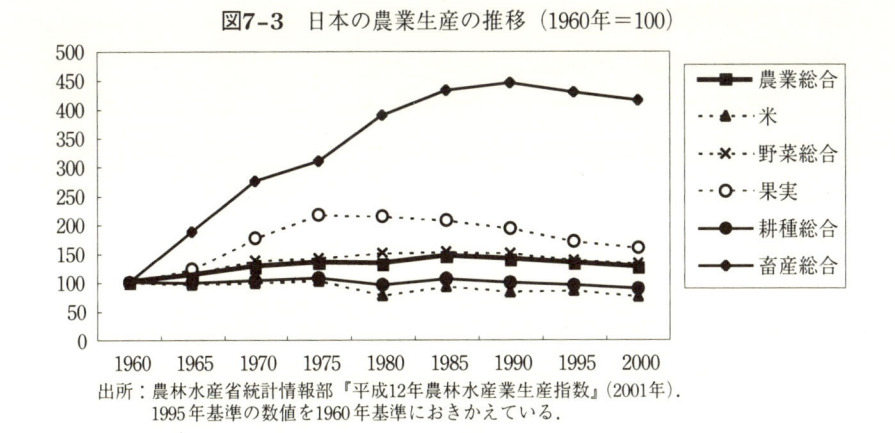

図7-3 日本の農業生産の推移（1960年=100）

凡例：農業総合、米、野菜総合、果実、耕種総合、畜産総合

出所：農林水産省統計情報部『平成12年農林水産業生産指数』(2001年).
1995年基準の数値を1960年基準におきかえている．

2. 農の変化——供給サイドの構造

(1) 農業生産の変化

　前項では食生活の変化を最終消費のレベルでとらえたが，これを生産レベルで把握しよう．日本の農業生産の変化を概観するために，農業生産指数の主なものを示したのが図7-3である．農業生産指数とは，各生産品目の基準年の生産量に対する生産量を指数化したものであり，それらを生産額に準じてウエイト付けしたのが総合指数である．図では基準年を1960年としたいくつかの指数を示している．

　「農業総合」の指数は，農業生産物全体[4]における生産量の変化を総合的に表したものである．これによると，60年代から80年代前半まで農業生産は増加し続け，その後減少しているのがわかる．詳しく見ると，1970年の指数が125.7であるから，60年代には10年間で26％，年平均2.3％の成長を経験したことになる．その後も増加傾向を示しながらも，60年代ほどの伸びは見られない．つまり，70年代前半は年平均1.1％成長と逓増，70年代後半は横ばい，80年代前半は年平均2.0％の増加にとどまっている．そして，85年以降は一貫して約1％の逓減を続けている．その結果，2000年の

第7章　食の多様性と農業の展開方向　151

農業総合指数は 124.9 となっている．

　農業生産物は大きく耕種部門（田や畑，施設などでの植物性農産物の生産部門）と畜産部門（動物の飼養による畜産物の生産部門）とに分けることができる．そのうち，畜産部門は 60 年以降 90 年まで大きく生産が拡大し，90 年には 60 年の 4.5 倍にまで達している．それに対して耕種部門は 90 年まではほとんど変化なく，その後低下している．したがって，60 年代から 80 年代前半までの農業全体の生産拡大に貢献したのは畜産部門であったといえる．しかし，90 年代には畜産部門も耕種部門とともに生産が減少している．グローバル化の影響を受けたこの時期については後で述べることとする．

　80 年代前半までの時期について詳しく見てみよう．この時期は畜産部門の発展が顕著であるが，そのなかでもブロイラー（鶏肉生産）が大量生産システムの導入により飛躍的に伸びている．60 年から 65 年の年平均増加率が 46.6 %，65 年から 70 年のそれは 21.4 % ときわめて大きく，85 年には 60 年の 40 倍の生産量となった．ブロイラーほどではないが豚肉も生産が増加し，85 年は 60 年の 6.5 倍の生産量となっている．そのほか，同時期に肉用牛は 2.1 倍，鶏卵は 3.6 倍，生乳が 3.9 倍と，畜産物生産全体が成長してきた．この時期はちょうど高度経済成長期に当たり，所得の増加に伴って肉類や牛乳・乳製品などの畜産物需要が増加していった時期であり，国内の生産システムがこれに呼応する形で変化していったのである．

　それに対して，耕種部門の生産は全体として横ばいであった．この中で，コメは横ばい，麦類，豆類，イモ類は減少，野菜，果実が増加と，傾向は 3 つに分かれる．先にコメの消費が 60 年代から 70 年代にかけて減少したと述べたが，生産面においては 60 年から 75 年までの間，生産量はほとんど変化していない．これは食糧管理制度によってコメが市場と隔離されていたからである．その結果，大幅なコメの在庫が生じ生産調整へと展開するのであるが，ここでは詳しく述べない．逆にそうした管理制度に守られていなかった麦類や豆類は減少の一途をたどった．とくに麦類は 60 年代後半から 70 年代前半に年平均 15 % 前後も減少し，75 年には 60 年の 14 % の生産しか

い．一方，野菜や果実はこの間の消費の増加と並行する形で生産も増加している．野菜が75年には60年の1.4倍，果実が同じく2.1倍である．これら耕種部門を総合すると，全体として横ばいとなり，畜産部門の増加傾向のみで農業全体の増加が牽引されたといえる．

　以上のような80年代前半までの傾向に対し，90年代は様相が変化している．すでに見たとおり，農業生産全体は少しずつであるが減少している．それまで停滞傾向にあった耕種部門の生産が少しずつ減少し始め，85年に105.9であった生産指数が2000年には88.8と，16％の低下を示している．さらに急激に上昇していた畜産部門では85年以降停滞を続けている．牽引役であったブロイラーが85年に対して2000年には22％，豚も同時期に20％と大きく減少している．鶏卵と生乳は，それぞれ19％，15％の増加を示しているが，いずれもその前の時期の増加より低い水準である．一般経済状況としては停滞のこの時期ではあるが，食料消費が低下しているのではないのは前節に述べたとおりである．肉類の消費は伸びが低下したとはいえ，依然として増加している．したがって，この時期の農業生産の停滞ないしは減少は，国内需要の影響以上に，他の経済状況，とくに，貿易の自由化を中心とする経済のグローバル化が直接的に影響しているといえる．これは，次節で述べる自給率に端的に現れるのであるが，それを述べる前に，日本農業の特徴を他の先進工業国との比較の中でとらえることとする．

(2) 日本農業の展開

　2000年農業センサスによれば，日本の農家は312万戸で，そのうち78万戸は農産物の販売を行わない「自給的農家」であり，何らかの農産物販売を行う「販売農家」は234万戸にすぎない．農家数は85年に423万戸であったが，5年にほぼ10％の割で減少を続けている．また，過去1年間に農業に従事した人（農業従事者）は686万人，このうち農業に主として従事した世帯員（農業就業人口）は389万人で，さらにそのうち，ふだん主に仕事をしている世帯員（基幹的農業従事者）は240万人であった[5]．農業従事者も

60年代以降一貫して減少を続けた．その要因としては，農家の第2次，第3次産業就業者が増加したことが挙げられる．

　前述のように，農業生産自体は過去数十年の間，増加ないしは停滞傾向にある．しかし，この間の耕地面積は約10％の減少，作付面積では約20％減少しているので，その分，土地生産性が増加していることを意味している．さらに，農家数や農業従事者数も減少しているので，農家1戸当たりや農業従事者1人当たりの生産が拡大し，大規模農家への相対的な集中が進行したことを意味する．たとえば，大規模経営農家数を見ると，北海道では5ha以上の農家が85年には全農家の52.3％であったのが，2000年には68.3％と増加している．都府県では2ha以上の農家は85年に8.1％しかなかったのが，2000年には14.2％となっている．これは，兼業化や農家世帯員の高齢化などによって，農業経営の維持が困難になった農家の農地の経営を，受委託などの形で特定の農家に集積することにより生じている．

　同様の規模拡大は畜産にも顕著に見られ，専業的な大規模経営を行っている農家が増加している．たとえば，肉用牛の農家1戸当たり飼養平均頭数は85年の3.2頭から2000年の9.6頭へと15年間で3倍になり，同じく豚では，85年の129頭から2000年の838頭へと6.5倍になっている．ブロイラーに典型的に見られるように，このような畜産の規模拡大は耕地面積の拡大を伴わずに行われており，そのことは土地生産性の拡大をも意味している．以上のような耕種農業や畜産における規模拡大は，機械化や装置化による生産基盤の拡充によって実現されてきている．つまり，機械化によって耕地面積の拡大を可能にし，労働力1単位当たりの生産量を拡大しているのであり，これは労働生産性の向上を意味する．

　土地と労働力という2つのインプットと生産物というアウトプットの関係で見ることによって日本の農業の特性をとらえるとどうなるであろうか．

　農業生産の動向を知るために前項では生産量を対象としたが，他の国との比較をする場合，それをその国の通貨単位で購入可能な量として相対的に示す，購買力平価（Purchasing Power Parities, PPP）の形が一般的にとられている．

図7-4　日本農業の先進工業国との比較

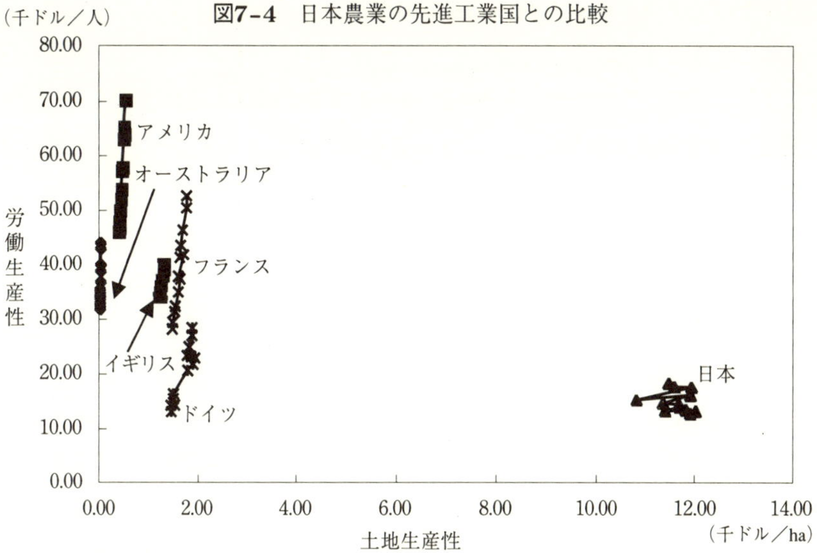
(千ドル／人)
80.00
70.00
60.00
50.00
40.00
30.00
20.00
10.00
0.00
労働生産性
アメリカ
オーストラリア
フランス
イギリス
ドイツ
日本
0.00
2.00
4.00
6.00
8.00
10.00
12.00
14.00
土地生産性
(千ドル／ha)

出所：OECD，FAO資料より作成．

したがって，ここではこの購買力平価を用いる．データとして得られるのが85年以降であるので，ちょうど前述のグローバル化の進展の影響について考察することができる．

日本の農業生産の総量は，購買力平価によると96年に621億ドルである．これを農業就業人口の342万人[6)]で割ると，農業就業人口1人当たり1万8,100ドルの労働生産性となる．また，農業用地の540万haで割ると，1ha当たり1万1,500ドルの土地生産性となる．経済のグローバル化とともに，日本の農業生産が停滞したことを前項で述べたが，85年から96年で見ると，土地生産性は1ha当たり最低で1万850ドル，最高で1万2,040ドルと，10％以内の変動を含みながらも長期的にはほとんど変化していない．それに対し，労働生産性は1人当たり85年の1万2,610ドルから一貫して上昇し，96年には85年比で44％増の1万8,130ドルとなった．生産総量は85年の701億ドルから96年には621億ドルと11％減少している．したがって，この間の日本農業は，農地の減少以上の就労者減少のなかで，労働生産

性を上げることによって全体としての農業生産減少を11％にとどめた，と見ることができる．

　これと同様にして，主な先進国における農業の構造とその変化を示したのが図7-4である．一見して，日本の農業構造とこれらの国々の農業構造が根本的に異なっていることがわかる．まず，土地生産性がいずれの国も1ha当たり2,000ドル以下であり，1万ドルを超えている日本の場合とは対照的である．また，日本の労働生産性が伸びたと述べたが，ここにあげた国々と比較すると，それはきわめて小さな動きであり，変化を見る以前にその低さが強調される．

　土地生産性は単位面積当たりの生産量を示すものであるから，日本においてこれがきわめて高いことは，絶対的に狭い農地という制約条件のなかで農業が行われていることを示唆している．実際，国土面積が35.7万km^2と日本とあまり変わらないドイツにおいて，農地は1,733万haと日本の3.2倍あり，面積が日本の65％しかないイギリスでも農地は3.3倍ある．農地のあり方自体の性格が異なっているのである．また，ここでいう農地とは耕地のほかに牧草採草地を含んでいるので，図に示す他の先進工業国において牧草採草地が比較的多くあることも示唆している．牧草採草地が豊富であることは元来より畜産の位置づけが高いことを示し，1節で述べたような動物性食物比率の高い食生活を提供する土台となってきたのである．

　農地が広いため，農業の生産性を上げる試みは日本以上に労働生産性を向上させることに向けられている．図で各国とももっとも下の位置にプロットされているのが1985年であり，最上部にあるのが96年の位置である．いずれの国もこの10年あまりに労働生産性の顕著な上昇が見られ，日本におけるそれとは比較にならない．たとえばドイツは，85年に就業人口1人当たり1万2,840ドルと日本の1万2,610ドルとほぼ等しかったが，日本が11年間で44％の伸びを示す間にほぼ2倍の上昇を実現して2万6,820ドルとなった．これは農業就業人口が208万人から123万人に減少するなかで，生産総量が267億ドルから329億ドルへと増加した結果である．経済のグロー

バル化が進展したとき，土地面積の制約が比較的少ない条件のもとで，機械化などによって労働生産性を向上させることが可能な構造になっているといえる．

このように，「先進工業国」として括られるこれらの国々と日本とでは，農業の立地条件が根本的に異なっている．そこに，そうした構造的な問題への考慮なく同一の土俵に立たせることが可能であるかという疑問が生じる．経済のグローバル化はこうした構造の相違を，ともすれば無視している．とくに，農業は他産業とは異なって，土地に強く依存する産業である．グローバル化によって情報や資本は国境が希薄になっているが，土地は依然として流動性のきわめて低いものである．こうした土地に依存する産業である農業がグローバル化の動きにどれだけ応じることができるか，あるいは，応じさせることの是非が問われる必要がある．

3. 食料自給率低下——需要と供給のギャップ

(1) 日本の自給率

1節で述べたとおり，日本の食料供給は1960年から2000年までの40年間に熱量でみてほぼ1.13倍となった．とくに，80年代末までは常に増加し続け，ピークの1988年には2,840kcalとなった．その後は，2,800kcal前後を推移している．それに対し，農業生産は豚など部門によっては常に大きく増加したものもあるが，1980年代後半にピークを迎え，その後停滞あるいは減少傾向にある．耕種総合では1985年に一時的に増加しているが，緩やかに減少を続けてきた．畜産は1960年から65年，65年から70年はそれぞれ，年平均13.4％，8.0％と飛躍的に増加しているが，その後90年までは年平均2～4％の増加となり，90年以降はむしろ減少している．つまり，食料供給と国内農業生産の両者は異なった変化をしてきたのである．

食料の国内供給量は国内生産量に輸入量を加え輸出量を差し引いたものであるから，このギャップは輸出入量の変化によるところが大きい．2000年

の日本の食料品輸入は金額にして4兆9,660億円，輸出は2,270億円である．1975年以降の食料品輸出入を数量ベースで95年を100として指数化すると，輸出は80年の166.5をピークに95年まで減少しその後逓増している．それに対して輸入は75年以降一貫して増加している．なかでも85年から90年の5年間には1.5倍に増加した[7]．このことが，国内農業生産の伸びを経験しなくても食料供給を増加させることができた理由である．

　食料供給量に対する自国生産量の割合が食料自給率である．一般に自給率という場合，供給熱量総合食料自給率（以下，総合食料自給率）を指す．これは，供給される総熱量に占める国産供給熱量の割合である．しかし，肉類などにおいては最終消費する食肉の形で見ると国産でも，その飼育に必要な飼料が輸入品の場合，純粋な国内供給熱量といえない．そのため，畜産物については飼料の自給割合分に応じた量を国内供給量としている．この方式で算出した食料自給率は2000年度において40％となっている．また，基礎的な食料である穀物に関してとくに自給率を見る場合もある．1つは主食用を中心として，そのまま食用となる穀物についての自給率で，200年度は60％と総合食料自給率よりは高くなっている．もうひとつは飼料用穀物を含む穀物全体の自給率で，これは28％と非常に低い．

(2) 経済のグローバル化と日本の食料

　日本の食料自給率が40％であると述べたが，この水準になったのは90年代後半である．表7-1に示すのは食料自給率の推移である．総合食料自給率は60年に79％であったのが，75年までの15年間に54％まで低下した．その後の10年間は50％台を保っていたが，90年代にふたたび低下し，40％水準までになった．低下の程度は少ないが，主食用穀物自給率もほぼ同じ動きをしている．60年代から70年代前半までの自給率低下の時期は日本の高度経済成長期と重なる．自給率低下の動きはこの経済成長の動きと並行したものである．それに対して90年代の自給率低下は国内の停滞経済の下，世界的なグローバル化の進展と並行している．

表7-1 日本および先進工業国の食料自給率の推移（%）

		1960	1965	1970	1975	1980	1985	1990	1995	2000
日本										
供給熱量総合食料自給率		79	73	60	54	53	53	48	43	40
主食用穀物自給率		89	80	74	69	69	69	67	64	60
穀物（食用＋飼料用）自給率		82	62	46	40	33	31	30	30	28
品目別自給率	米	102	95	106	110	100	107	100	103	95
	小麦	39	28	9	4	10	14	15	7	11
	いも類	-	100	100	99	96	96	93	87	83
	豆類	44	25	13	9	7	8	8	5	7
	野菜	100	100	99	99	97	95	91	85	82
	果実	-	90	84	84	81	77	63	49	44
	肉類（鯨肉を除く）	96	90	89	77	81	81	70	57	52
	牛肉	96	95	90	81	72	72	51	39	33
	豚肉	100	100	98	86	87	86	74	62	57
	鶏肉	101	97	98	97	94	92	82	69	64
	鶏卵	89	100	97	97	98	98	98	96	95
	牛乳および乳製品	-	86	89	81	82	85	78	72	68
	魚介類	-	109	108	102	104	96	86	75	62
	海藻類	-	88	91	86	74	74	72	68	63
	砂糖類	-	31	22	15	27	33	33	35	29
	きのこ類	-	115	111	110	109	102	92	78	74
先進工業国										
イギリス	供給熱量総合自給率	-	-	46	48	66	72	75	72	71
	穀物自給率	-	-	59	65	98	111	116	112	99
フランス	供給熱量総合自給率	-	-	104	117	131	136	142	131	136
	穀物自給率	-	-	139	150	177	192	209	179	197
ドイツ	供給熱量総合自給率	-	-	68	72	75	84	92	88	97
	穀物自給率	-	-	70	77	81	95	113	111	123
アメリカ	供給熱量総合自給率	-	-	112	146	151	142	129	129	127
	穀物自給率	-	-	114	160	157	173	142	129	134
オーストラリア	供給熱量総合自給率	-	-	205	230	212	242	233	267	327
	穀物自給率	-	-	231	356	275	368	310	293	344
日本	供給熱量総合自給率	-	-	60	54	53	53	48	43	40
	穀物自給率	-	-	46	40	33	31	30	30	28

注1：1965年，1970年も沖縄を含む．
 2：ドイツについては統合前の東西ドイツを合わせている．
出所：農林水産省総合食料局『食糧需給表』．
 ただし，海外分については，『食糧需給表』とFAO, *Food Balance Sheets* を基にした農林水産省総合食料局食料政策課による試算．

主食用と飼料用を含めた穀物全体の自給率で見ると，動きが少し異なっている．60年代に急激に低下し70年代も低下し続けて，80年には今とあまり変わらない33％となっている．これは先に述べた60年代から70年代にかけての畜産，とくに肉用牛，乳用牛，豚，ブロイラーの急激な生産拡大を裏付けるものである．飼料生産の素地のない日本において畜産の展開が可能であったのは，飼料が大量に輸入されたことによるのである．

　自給率を品目ごとに見てみよう．60年代から70年代前半の自給率低下は主に小麦や豆類の自給率低下が影響している．この時期は，国内の麦類や豆類の生産が大幅に低下した時期である．選択的拡大という当時の農業政策から，生産性が国際水準と比較してかなり低い小麦や豆類の生産が切り捨てられていったという事情がある．その結果，60年に低いとはいえ39％あった小麦の自給率は70年にわずか9％に，また，豆類は44％から13％へと，ほとんど全量輸入に近い状態になった．この時期にも牛肉や豚肉の自給率の低下が見られるが，それはまだ，80％台を維持するものであった．

　肉類，なかでも牛肉は85年以降急速に自給率を低下させている．品目別自給率は飼料が国内産であるかどうかは問わず，国内生産量の国内消費仕向量に対する割合である．前述のように，60年代から70年代は消費量の拡大とともに国内生産が急速に拡大した．輸入は国内生産以上に拡大したが，国内生産を圧迫するまではいかず，自給率は80％台にとどまっていた．しかし，85年以降は肉類の輸入が大幅に増加し，国内生産が減少している．その結果，肉類全体で85年に81％あった自給率は2000年には52％と，29ポイントの減少を見た．なかでも，牛肉は国内生産が33％となっている．そのほか，牛乳および乳製品や魚介類も，程度の差はあるが，85年以降の低下が見られる．

　ここで問題になるのは，輸入に関する制約である．食料品については60年代以降，順次輸入割当制度や関税引き下げの自由貿易の方向がとられていった．62年に輸入制限のあった農産物は103品目であるが，そのうち，豚肉が71年に，牛肉は91年に自由化が実施された．豚肉は国際価格水準に

比べて高すぎなかったため輸入自由化されたにもかかわらず自給率は 80 %台を維持していたが，価格水準が高い牛肉は自由化とともに国内生産を上回る輸入がなされた．90 年国内牛肉生産は 54.9 万トンなのに対して 50.6 万トンの輸入，99 年には 54.0 万トンの国内生産と 88.3 万トンの輸入となっている[8]．

　経済のグローバル化が進む現在において，貿易の自由化は世界の流れである．WTO 体制になってこの方向性はさらに明確になりつつある．しかし，それによって国内の農業は世界標準の舞台に否が応でも上ることになる．前節で述べたように，農業は個別個性的なものであり，国によって土地利用や労働利用の構造が根本的に異なるものである．そうしたところに世界標準という水準を導入すること，そして，その水準によって国内農業を計測することの妥当性がどこまであるか，検討を要する課題である．これを怠ると，場合によっては国内市場を輸入農産物で占められてしまう，という状況にも陥るのである．

(3) 先進工業国の食料自給率との比較

　日本の食料自給率が低下した時期は国内の高度経済成長期あるいは世界的なグローバル化の時期と一致する．それなら，同じように経済が発展し，同様にグローバル化の影響を受けている先進工業諸国でも同じような自給率低下を経験しているのであろうか．

　表 7-1 に主な先進工業国の食料自給率の変化を示している．まず，いずれの国も 2000 年時点において総合食料自給率が日本よりも高いことがあげられる．イギリスが 70 %台，ドイツはほぼ 100 %であり，フランス，アメリカは約 130 %，オーストラリアが 327 %ときわめて高くなっている．

　これらの国々において，農業が産業構造の中で重要な割合を占めているのではない．総合食料自給率が 70 %台であるイギリスにおける国内総生産に占める農林業・狩猟業・漁業の割合は 1.7 %であり，日本の 1.9 %と比べて格段に大きいのではない．さらに，ドイツ 1.0 %，フランス 2.4 %，アメリ

カ 1.8 ％と，食料輸出国においてもその比率はきわめて低い[9]．このことは，経済成長に伴って農業の国内経済における地位が低下しても，必ずしも食料自給率の低下が起きないことを示している．日本においてこの2つが同時並行的に起きたのは，むしろ先に述べたような日本農業の特殊性によるものと考えていいであろう．

また，85年以降のグローバル化の時期に日本の総合食料自給率は53％から40％へと13％低下したが，同じ時期を見ると，イギリス，フランスは一時的な上昇や下降を含むものの，ほとんど自給率の変化がない．ドイツはむしろ上昇している．

穀物自給率においては日本よりはるかに高く，100を上回る国もある．実際，農林水産省の試算では，日本の穀物自給率は世界178の国・地域中129位，OECD加盟の先進国30カ国中アイスランド，オランダに次ぐ28位と，世界的に見てきわめて低い水準にある[10]．

これらの中でイギリスは，70年代には総合食料自給率が50％を切っており当時の日本より低い水準にあった．しかし，その後自給率が上昇し85年には72％となり，その後70％台を維持している．これが可能であったのは，先に見たように，食生活において供給熱量，動物性食物比率ともほとんど変化がなく，人口もこの間，5,580万人から5,950万人と1.07倍の増加しかなく，そのため，食料の需要面での総量と内容にほとんど変化がなかったことが大きな要因となっている．また，供給面では，土地生産性は低いものの，農家1戸当たり平均経営面積が70haと日本の約50倍であり，労働生産性を伸ばしてきた．また，共通農業政策の保護下にあるEC域内において競争力を持っていたため，飼料用小麦を域内に輸出するようになっている．そして，こうした動向の背景には，過去に経験した食料不足から，食料の自国生産を重視する認識が政策側と国民の両者にあるという[11]．

日本の農業は労働集約的であり，イギリスの例がそのまま援用できるわけではない．食の構造が変化してきたのもある程度蓋然性のあることであり，自給率の減少もやむを得ないものであったともいえる．農林水産省は食料自

給率の 2010 年の目標値として，総合食料自給率 45 %，主食用穀物自給率 62 %，飼料用を含む穀物全体の自給率 30 % を設定した．しかし，予想される趨勢は，それぞれ，38 %，59 %，27 % となっている[12]．食料安全保障の観点からは自給率は高いことが望ましいが，現状はその逆をいっているようである．農業のあり方も食生活のあり方も他の先進国と異なる日本において，グローバル化に対応する現実的妥当性を持つビジョンを構築することが火急の課題となっている．

4. 農業と環境——結びにかえて

ここまで，農業はもっぱら食料生産を行うものとしてだけに限定して論を進めてきた．しかし，農業に求められている役割は食料供給のみではない．もちろん，食料供給がその主要な役割であることは変わりないが，そこから生じる副次的な物的・非物的な機能に価値が見出されている．

この変化を顕著に表すものの 1 つとして，1999 年にそれまでの農業基本法に代わるものとして制定された「食料・農業・農村基本法」が挙げられる．農業基本法は 1961 年に制定され，農工間所得格差の縮小をめざし経営として成り立つ農業を育成する等の目的を持っていた．しかし，新農基法とも呼ばれる新法は，農業だけでなく，食料，農村の語句が入っている．これが意味するのは，1 つには産業としての農業，食料の安定供給などの課題のほかに，いわゆる農業の多面的機能をも重視しようということである．前述の自給率の目標設定も食料・農業・農村基本法に基づく食料・農業・農村基本計画においてなされた．この自給率の目標は，単に食料の安定的確保というにとどまらず，農地を確保することによって国土を保全するという意味合いも含まれている．

たとえば，耕地の約 8 割を占める水田は一種のダムの役割を果たすとみなされている．つまり，水系に建設される巨大なダムは深さ数十 m の水を貯えて下流域の水量を調節するが，水田の場合はわずか数 cm の溜められた

水がその面積の広大さゆえにダムに匹敵する洪水調節機能を持ちうるのである．その他，国土保全の機能，水源涵養の機能，自然景観保全の機能，さらには，農村に住む人々の行動までを視野に入れて，文化・伝統の継承と提供などの機能が，農業固有のものとして考えられている．これらの機能を「外部経済効果」ととらえて計測した例がある．あくまで試算であるが，それによると，これらは7兆円にのぼるという．その内訳は，洪水防止機能が2兆3,000億円，水資源涵養機能8,000億円，土壌浸食・土砂崩壊防止機能500億円，農村景観・保険急用機能3兆2,000億円，大気浄化機能3,000億円などである．国内総生産が503兆円，農業総生産額が約10兆円であるから，この大きさが理解できよう．政策的にも，こうしたものを食料生産などの一般的に考えられる農業の経済的な機能とは別立てで考慮すべきとして，食料・農業・農村基本法では「多面的機能」として明記している．そして，この多面的機能を守るために，農業生産や農村が保護されるべきである，との見解から政策が展開されている．

注
1) 実際には，（生産＋輸入±在庫調整量－輸出）が供給量となり，そのうち，（飼料＋種子＋加工＋廃棄＋その他の利用）を差し引いた分が食用供給量である．
2) 今村幸生編著『新食料経済学』ミネルヴァ書房，1994年，17ページ．
3) David Grigg, *The World Food Problem* (Second Edition), Blackwell, 1993, p. 7.
4) ここでの採用品目数は農業154品目．
5) 『2000年世界農林業センサス結果概要Ⅰ―農家調査・農家以外の農業事業体調査・農業サービス事業体調査』農林水産省，2000年．
6) 他国との比較のため，ここからはFAOデータを用いるので，農水省データとは若干の相違がある．
7) 総務省統計局『日本統計年鑑』（元資料は，日本関税協会「外国貿易概況」）．
8) FAO, *Food Balance Sheet* (http://www.fao.org).
9) 総務省統計局『世界の統計2001』．
10) 農林水産省総合食料局『我が国の食料自給率―平成12年度食料自給率レポート・食料需給表』14ページ．
11) 同上．
12) 同上．

第8章
穀物輸出と国家貿易企業
──カナダとオーストラリア──

松原豊彦

1. 課題と視点

われわれの生存に必要な食糧の中心は，食用および飼料用の穀物である．穀物とは米，麦，トウモロコシなどを指し，本稿ではこれに大豆，ナタネなどの油糧種子を加えて議論している．これらの穀物・油糧種子は，主食用として私たちの食生活にとって必要不可欠であるとともに，食品の加工原料および家畜飼料としても重要な役割を果たしている．

グローバルな食糧問題を論じるときに，その中心的な課題は穀物貿易の動向，国際的な穀物市場の動向を分析し，将来の見通しおよび政策的な課題を明らかにすることである．本稿の課題は，主要な穀物輸出国のなかでもカナダとオーストラリアに焦点をあてて，両国の穀物輸出の仕組みと特徴を検討することである．

いうまでもなく国際穀物市場においてはアメリカが最大の輸出国である．穀物輸入に占めるアメリカの位置の大きさから，わが国ではアメリカの穀物輸出と農政に関する研究が中心であり，カナダとオーストラリアの穀物輸出についての研究はきわめて少なかった[1]．そこで，本稿がなぜカナダとオーストラリアに焦点をあてるのか，その理由を以下にまとめておこう．

第1に，国際穀物市場に占める両国の位置の重要性である．世界の小麦輸出全体に占める比率はカナダとオーストラリアを合わせておよそ3分の1を占め，最近では輸出量においてアメリカを凌駕している．穀物の7割以

上を輸入に依存するわが国にとっては，食糧自給率を引き上げる努力とともに，輸入の安定化と取引相手の多角化が重要な課題であり，アメリカ以外の主要輸出国を視野に入れた研究が求められている．

　第2に，カナダとオーストラリアは英連邦の一員として，イギリスおよび英連邦諸国との経済関係が伝統的に強かった．しかし，近年では両国ともアジア太平洋地域との経済関係の強化を重要課題としている．カナダもオーストラリアも，農産物，水産物，木材，鉱物資源など資源輸出に依存する経済構造であり，急速に工業化・都市化の進むアジア太平洋地域との貿易関係を重視するようになっている．

　第3に，両国は国際穀物市場に占める位置が大きいだけでなく，穀物輸出の仕組みがアメリカとは大きく異なっている．とくに国家貿易企業が穀物輸出を独占的に担っていることに特色がある．アメリカでは政府が価格支持や輸出補助金などの政策装置によって穀物輸出を促進しているが，輸出ビジネスそのものは民間の穀物商社やアグリビジネスがこれを担っている．カーギル，ADM，コナグラといった多国籍アグリビジネスがその代表である．これに対して，カナダとオーストラリアでは国家貿易企業が小麦や大麦の輸出を独占的に担っている．こうした穀物輸出システムは歴史的・政策的に形成されてきたものであり，本稿ではその比較検討を試みている．

　第4に，両国の穀物輸出システムは近年大きく変わりつつあり，とくに国家貿易企業の改革の動きが急である．その主要な要因は，国内的には国家貿易企業に対する規制緩和と民営化の圧力の高まりであり，対外的にはWTO農業交渉への対応である．WTO農業交渉ではアメリカなど一部の輸出国が国家貿易企業による農産物輸出が貿易を歪曲するとしてその規制を求めている．カナダやオーストラリアはこれに反論する一方で，国家貿易企業の改革を進めつつ輸出独占の仕組みを維持しており，その行方が注目される．

　ところで，本稿で穀物輸出システムという際に想定している枠組みはカナダを例にとると次のようなものである．穀物生産者は産地の集荷・保管施設（プライマリー・エレベーター）に穀物を出荷し，ここで一次検査をされた穀

物は鉄道などで積出港の保管施設（ターミナル・エレベーター）へ運搬される．ターミナル・エレベーターでは乾燥・調製と検査を行ったうえで，船舶に穀物を積み込んで輸出する．産地エレベーターとターミナル・エレベーターの間に内陸ターミナルと呼ばれる中間の集荷・保管施設が入る場合もある．これが穀物の物流である．他方で金の流れとしては，国家貿易企業（カナダ小麦局）が予想販売代金の7割程度を出荷時点で農家に前渡しし，当該年度の販売がすべて終了してから残りの金額を分配する．

穀物輸出システムにおいては，集荷・保管・物流・一次加工などにかかわる穀物関連産業が重要な役割を果たしている．本稿では国家貿易企業の役割とその改革の動向を比較検討することを主題とするが，その際に穀物関連産業の再編動向も視野に入れて検討する．

本稿では次の順序で述べることにする．第1に1970年代後半以降の穀物貿易を概観して，国際穀物市場におけるカナダとオーストラリアの位置の重要性を確認する（第2節）．第2に，カナダの穀物輸出システムをエレベーター業界の再編とカナダ小麦局（CWB）の改革に焦点をあてて検討する（第3節）．第3に，オーストラリアの穀物輸出の仕組みとオーストラリア小麦ボード（AWB）の民営化を検討する（第4節）．最後に，カナダとオーストラリアの国家貿易企業の改革について若干の比較検討を行う．

2. 1970年代後半以降の穀物貿易

第2次大戦後の穀物貿易を概観すると次の3つの時期に分けることができよう．第1の時期は1950年代から60年代末にかけての慢性的過剰局面である．第2は70年代から80年代初めまでの需給逼迫と不安定化の局面である．第3は80年代中頃から現在にいたる過剰局面である．とはいえ，現在の約62億人から2050年には90億人近くまでおよそ30億の人口増加が予測される一方で，土壌の劣化や水資源確保の困難，生態系への過剰な負荷など食糧増産に伴う諸問題があらわれており，穀物需給は今後ふたたび逼

表 8-1 主な穀物輸出国とシェア
 （1995～99年度平均）

小　麦	輸出（万トン）	同構成比（％）
アメリカ	2,931.5	29.7
カナダ	1,758.1	17.8
オーストラリア	1,587.6	16.1
ＥＵ	1,433.8	14.5
アルゼンチン	826.9	8.4
世界全体	9,855.7	100.0

大　麦	輸出（万トン）	同構成比（％）
ＥＵ	575.6	37.8
オーストラリア	339.1	22.3
カナダ	214.5	14.1
アメリカ	95.6	6.3
世界全体	1,521.9	100.0

トウモロコシ	輸出（万トン）	同構成比（％）
アメリカ	4,812.8	71.8
アルゼンチン	915.4	13.7
世界全体	6,703.2	100.0

出所：Canada Grains Council, *Statistical Handbook 2001*.

迫局面に転じる可能性もある．

　穀物を常時輸出できる国はきわめて少数であり，穀物輸出側は数カ国の寡占構造になっている．

　主な小麦輸出国は，アメリカ，カナダ，EU，オーストラリア，アルゼンチンの5カ国（地域）である．大麦もEU，オーストラリア，カナダ，アメリカの4カ国で輸出のほとんどを占めている（表8-1）．

　ここでは主食用穀物として重要であり，国際商品としての成熟度が比較的高い小麦を取り上げて，1970年代後半からの国際市場の変化を概観しよう．まず輸出国側では，上で述べた5大輸出国（地域）が輸出のほとんどを占める構造が続いている．ただし，アメリカのシェアは1980年代初めの48％をピークに傾向的に低下し，最近では3割程度になっている．

　第2位のカナダは世界の小麦輸出の20％前後を占めている．オーストラリアは，最近では16％前後のシェアを占めるようになり，カナダに匹敵する小麦輸出国である．カナダとオーストラリアの輸出合計は1999年度で3,500万トンを超えて世界の小麦貿易の3分の1を占め，アメリカの2,900万トンを凌駕した．EUは80年代末から90年代初めには世界の小麦輸出の20％を占めたが，これには輸出補助金の力も大きく作用していた．その後輸出補助金の削減や域内目標価格の引き下げを実行したため，シェアはやや低下して最近では15％前後である．

表 8-2 　小麦輸入上位 10 カ国　（単位：万トン）

	1978～82年度		1995～99年度
旧ソ連	1,489.8	エジプト	677.0
中　国	1,165.7	ブラジル	605.5
エジプト	596.8	日　本	574.6
日　本	574.5	中　国	482.9
ブラジル	418.5	イラン	453.7
ポーランド	350.8	旧ソ連	419.5
イタリア	271.3	アルジェリア	384.8
イギリス	236.9	インドネシア	347.8
アルジェリア	196.2	韓　国	330.3
韓　国	190.9	パキスタン	273.3

出所：Canada Grains Council, *Statistical Handbook* 各年次（原資料は FAO）.

　次に輸入国側の状況はどうなっているであろうか．表 8-2 は 1970 年代末と 90 年代後半の小麦輸入国上位 10 カ国を比較して，輸入国側に大きな変化が起きていることを示したものである．

　その第 1 は，70 年代にずば抜けて大きかった旧ソ連と中国の輸入が大幅に減少したことである．ソ連崩壊後の経済混乱のために，旧ソ連の小麦輸入はかつての 3 分の 1 以下にまで激減した．中国は経済改革による食糧増産の成果もあり小麦輸入は最近減少しているが，今後の見通しは不透明である．

　第 2 に，かつて大輸入国であったヨーロッパは，共通農業政策のもとでの食糧増産と輸出拡大に成功して EU 全体としては輸出国になり，イタリアやイギリスの輸入も激減した．

　第 3 に，これらに代わって輸入を拡大してきたのが，アジア，中東，南米の諸国である．1995～99 年度の平均では，輸入第 1 位がエジプトの 677 万トンで，以下ブラジル，イラン，アルジェリア，インドネシア，韓国，パキスタンの諸国が上位 10 カ国の中に入っている．日本の輸入は 570 万トン前後でもっとも安定した輸入国である．なお，表示していないが，1978～82 年度と 1995～99 年度の間に小麦輸入の伸びが大きかったのが，パキスタン，イラン，フィリピン，メキシコ，インドネシア，アルジェリア，チュニジア，韓国であり，いずれもアジア，中東および北アフリカに集中してい

る[2]．

　その原因は，1つにはアジアの工業化と都市化の急速な進展により，主食を輸入に依存する傾向が強くなったことである．また，中東と北アフリカの産油国の場合は，石油販売収入とアメリカの食糧援助戦略とのかかわりが強い．ブラジルのように大豆，冷凍オレンジ果汁，コーヒーなどを大量に輸出する一方で，主食の小麦はアルゼンチンなどからの輸入を拡大している事例もある．今後の国際穀物市場を見るうえで，これらの新しい小麦輸入国の動向に注目する必要があろう．

3. カナダの穀物輸出産業とCWB改革

(1) 穀物生産と輸出の動向

　カナダの穀物生産の中心はなんといっても小麦である．小麦の作付面積は1,096万ha（2000年度）とずば抜けて大きく，これに次いでいるのが大麦とカノーラ（ナタネ）である．大麦の作付面積は455万haであるが，カノーラの作付けが近年伸びており2000年度には482万haとついに大麦を追い抜いた．小麦，大麦，カノーラはほとんどが西部の平原3州（マニトバ，サスカチュワン，アルバータ）で生産されている．トウモロコシと大豆の作付面積はそれぞれ103万ha, 106万haであり，東部のオンタリオ州・ケベック州に集中している．2000年度における穀物生産は第1位の小麦が2,680万トンで，これに大麦1,347万トン，カノーラ712万トン，トウモロコシ652万トンと続いている[3]．

　小麦は99年度に1,811万トンが輸出された．輸出相手国の変遷も著しく，かつて最大の輸出相手国であった旧ソ連向け輸出は激減し，いまや中国，イラン，日本，韓国，インドネシアなどのアジア・中東諸国が主な輸出先となった．また，米加自由貿易協定，北米自由貿易協定のもとでアメリカ，メキシコ向けの小麦輸出も大きく増えた．さらにブラジル，コロンビア，チリなどの南米諸国への輸出も拡大している．

小麦に次ぐ輸出作物はカノーラで，99年度には389万トンを輸出した．カノーラの最大の輸出先である日本には99年度に180万トンを輸出した．最近は中国向けの輸出が急増しており，98年度127万トン，99年度121万トン，そして2000年度には180万トン（速報値）に増えたことが注目される[4]．

大麦はかつて400万トン以上を輸出していたが，最近では173万トン（99年度）まで落ち込み，国内で飼料やモルト原料としての使用が増えている．

アジア・中東向けとアメリカ向けの輸出が増えたことで，穀物輸出の物流経路にも大きな変化が起きた．五大湖経由で東部のセントローレンス河からの輸出が大きく減少し，太平洋岸の輸出港（バンクーバー，プリンスルパート）からの輸出が約3分の2を占めている．また，アメリカ向けは平原州の内陸ターミナルから鉄道またはトラックで国境の南へ輸出されている．

(2) 穀物エレベーターの統廃合と業界再編

カナダの穀物輸出システムの中で重要な役割を果たしているのが，産地で穀物を集荷・保管して一次検査を行うプライマリー・エレベーター（集荷・保管施設）である．最近の特徴は，プライマリー・エレベーターの統廃合が急ピッチで進み，旧式の小規模エレベーターが続々と閉鎖され，大規模高性能の新式エレベーターに穀物の取り扱いが集中していることである．

プライマリー・エレベーターは，1984年の1,967カ所から2001年の627カ所まで3分の1以下に激減した．最近の数字をあげると，1997～98年95カ所，98～99年82カ所，99～00年128カ所，00～01年221カ所が減少しており，年を追うたびに統廃合に拍車がかかっている．穀物保管施設の総量は1985年の789万トンから2001年の610万トンへと23％の減少にとどまっており，1カ所当たりの保管容量は4,070トンから9,730トンへと2.4倍に拡大した．

エレベーター会社は，この間に旧式で小規模のエレベーターを多数閉鎖する一方で，大規模なハイスループット・エレベーター（HTE）を新設して，

穀物の集荷・保管システムの効率化を推し進めてきた．HTEは輸出向け基準で乾燥・調製や検査ができる設備を有し，ここからアメリカに直接輸出できる．また，50両以上編成の穀物専用貨車を収容できる引き込み線をもち，大量の穀物を短時間で貨車に積み込んで出荷できる．産地から積出港まで直通で運行する50両以上のユニットトレイン（貨物固定編成列車）は割引運賃を適用されるので，農家からの集荷競争の面でも有利である．「内陸ターミナル」的な機能を備えたHTEへの穀物集荷の集中が進んでいる．

注目すべき特徴は，90年代に産地の穀物生産者が出資する「独立系」HTEの建設が相次いだことである．ここでは最近の調査にもとづいて，サスカチュワン州の「独立系」HTEの事例を紹介しよう[5]．

サスカチュワン州南西部のサウスウェスト・ターミナル（SWT）は，カナダ横断高速道路とカナダ太平洋鉄道本線の近くに立地している．97年に開業したSWTの穀物保管能力は5万2,000トンで州内で第3位である．鉄道引き込み線は54両の穀物専用貨車を収容することができ，112両まで拡張できる用地を確保している．50両のユニットトレインの場合トン当たり4ドルの割引運賃を適用されるので，貨車1編成で1万8,000ドルの運賃を節約できる．SWT社の特徴はカーギルが株式の45％を所有して資本参加していることである．カーギルとの事業協定は，①穀物出荷時にカーギルのターミナル・エレベーターを経由して輸出すること，②肥料と農薬はカーギルの子会社から購入すること，③エンジニアリングのサービスを委託すること，の3つである．SWTの経営責任者の話によれば，カーギルは「サイレント・パートナー」で表には出ないで，やりたいようにさせてくれる，とのことである[6]．

カナダの穀物エレベーター業界では最近大手会社同士の提携や合併が相次ぎ，業界の地図が急速に塗り替えられている．最近の再編は次のような形をとっている．まず1997年6月に業界第3位のユナイテッド・グレイン・グロワーズ社（UGG）が，アメリカの巨大アグリビジネスであるアーチャー・ダニエルズ・ミッドランド社（ADM）と「戦略的提携」関係を結び，ADM

表 8-3 カナダのプライマリー・エレベーター (2001年8月1日)

	基　数	保管能力（万トン）	同構成比（％）
Agricore-United	260	201.7	33.1
Saskatchewan Wheat Pool	119	97.0	15.9
Pioneer Grain	75	55.0	9.0
Cargill Limited	45	47.9	7.9
N. M. Paterson & Sons	48	27.2	4.5
Louis Dreyfus Canada	10	25.7	4.2
Parrish & Heimbecker	23	25.1	4.1
ConAgra	4	12.5	2.0
その他	43	117.7	19.3
合　計	627	610.1	100.0

出所：Canada Grains Council, *Statistical Handbook 2001*.

社が UGG 社の株式の 45％ を取得して役員を派遣した．ADM 社はアメリカでも大規模農協との事業提携を積極的に進めており注目された．

1998年11月には，農協系のアルバータ小麦プールとマニトバ・プール・エレベーターズが合併して新会社アグリコアとなった．1920年代に平原3州に販売協同組合の小麦プールが設立され，3つの小麦プールは協力関係を保つとともに，集荷事業の面でも農政活動の面でも大きな影響力をもってきた．残るサスカチュワン小麦プール（SWP）との合併に進むのではないかとの観測もあったが，事態は意外な方向に展開する．

2001年7月，アグリコアと UGG が合併してアグリコア・ユナイテッドを設立すると発表したことは関係者を驚かせた．というのは，アルバータ小麦プールとマニトバ・プールは1997年2月に UGG に敵対的買収を仕掛けて失敗していたからである．新会社アグリコア・ユナイテッドは，プライマリー・エレベーターの保管能力の点でサスカチュワン小麦プールを抜いて第1位になった（表8-3）．またターミナル・エレベーターでもバンクーバー地区の4割以上を占めることになる．

新会社アグリコア・ユナイテッドの誕生がカナダのエレベーター業界に及ぼす影響を見極めるにはなお慎重な検討を要するが，関係者の間で指摘され

ているのは次のような点である[7]．①カナダのエレベーター業界から協同組合企業がなくなったことである（サスカチュワン小麦プールは1998年にすでに株式会社化した）．②新会社はエレベーターの統廃合をさらに加速させると予想される．③新会社はバンクーバー地区のターミナルの40％を所有しており，独占禁止法上その一部を売却せざるを得ない．④ADM社は新会社の持ち株の19％を所有し，これを25％まで増やすことができる．⑤CWBの輸出独占に関して新会社は当面意志決定を避けている．UGGはもともと輸出独占反対の立場，小麦プールは輸出独占を支持しており「同床異夢」の感がある．

　これまで業界最大手であったサスカチュワン小麦プールは90年代の事業多角化が裏目に出て多額の負債を抱え，株価の急落などから経営の建て直しを迫られている．SWPは180カ所以上のエレベーターを売却し，2001年8月現在で54カ所にまで集約した（そのうち22がHTEである）．SWPの広報担当者によれば，プライマリー・エレベーターの統廃合は完了したとのことである[8]．また，養豚，飼料生産，新聞などの子会社を売却して，穀物の集荷・物流への事業集中を進めている．

(3) カナダ小麦局の沿革と概要

　カナダ小麦局（Canadian Wheat Board, CWB）は，指定地域（平原3州とブリティッシュ・コロンビア州ピースリバー地方）産の小麦と大麦を生産者に代わって独占的に販売・輸出している国家貿易企業である．1920年代の小麦プールによる穀物販売協同組合が世界恐慌で破綻し，1935年に連邦政府が設立したCWBが生産者に代わって穀物を販売するようになった．その後，1943年に小麦を独占販売する機関となり，1949年からはこれに大麦とオーツが加わった（オーツは1989年に自由販売になった）．

　CWBによる販売・輸出体制の特徴は次のとおりである[9]．第1に，CWBの独占販売（シングルデスク）の対象は，指定地域で生産され穀物エレベーターに出荷された輸出用と国内食用の小麦・大麦である．国内飼料用の小

麦・大麦の販売は，CWBと民間企業が併存する二元市場方式によっておりどちらが扱ってもよい．農場間の直接取引や州内の地場市場での取引もシングルデスクの対象から除かれている．穀物の集荷・保管業務を行っているエレベーター会社は，CWBの代理業者として集荷・保管業務を委託されている．

第2に，CWBは販売・輸出した小麦と大麦の代金を品種別・等級別にプールし，各年度のプール期間が終了してから，金利，保険料，ターミナル・エレベーターの取り扱い経費，CWBの運営経費などを差し引いた販売金額を出荷量に応じて生産者に分配する（価格プール方式）．これは穀物の先物市場とは異なるリスク管理方式であり，生産者は出荷時期にかかわらず同じ等級の穀物に対して同じ販売代金を受け取る．

第3に，連邦政府は国際市場の需給を勘案して当初支払い価格を決め，生産者は穀物エレベーターに小麦・大麦を出荷するときにこれを前払いされる．連邦政府は，当初支払い価格を新しい作物年度が始まる8月1日までに設定するが，その際市場予測や為替レートなどからCWBが勧告した価格を参考に決定する．CWBの勧告では，ガイドラインとして予想販売価格の70％をめやすに当初支払い価格を算定している[10]．輸出価格の低下でCWBが赤字を出した場合は，連邦政府の財政から補填される．（実際に補填された例はきわめて少ない）．また，連邦政府はCWBの運転資金の借り入れに債務保証するとともに，CWBによる穀物の輸出信用に保証を与えている．

(4) カナダ小麦局の改革

1990年代初めから，CWBによる独占的な販売・輸出の廃止を要求する動きがカナダ国内の生産者や州政府から出され，販売独占支持派と廃止派の論争が続いてきた．1989年に発効した米加自由貿易協定のもとでの両国間の穀物貿易の拡大を背景に，アルバータ州政府や西部カナダ小麦生産者協会は販売独占の廃止を主張してきた．これに対して，小麦プールやナショナル・ファーマーズ・ユニオンは，穀物生産者が国際市場でプレミアムを得ている

ことなどを理由に販売独占の堅持を主張してきた．

連邦農務大臣のもとに設置された西部穀物マーケティング審議会は，平原3州産穀物の販売・輸出方式について報告書（96年7月）を提出した[11]．同報告書を受けて作成されたCWB法改正案は，CWBの機構改組と運営の弾力化を盛り込む一方で，販売独占の廃止についてはCWB理事会の勧告と農業生産者の投票を必要条件とした．97年3月，連邦政府は大麦の販売方式について生産者投票を実施し，63％が販売独占を支持して一応の決着を見た．

CWB法改正案は若干の修正を経て1998年6月に可決され，99年1月からCWBは半世紀ぶりの大きな改革に踏み出した．その柱は次のとおりである．

第1に，CWBの機構改組によって，穀物生産者へのアカウンタビリティー（説明責任）を明確にすることである．改正以前にCWBの運営に責任を負っていたのは，連邦政府が任命するコミッショナー（定数3名から5名）であり，その中からチーフ・コミッショナーが選ばれていた．今回の改正では，理事会をCWBの最高意志決定機関と位置づけ，15名の理事のうち10名を穀物生産者の投票によって選出し，5名を連邦政府が任命することになった．政府任命理事のうち1名が総裁兼最高経営責任者（CEO）として日常の運営を指揮する．

これまでCWBは連邦政府の公社であったが，今回の改革によって「生産者と政府が共同で運営に責任をもつ企業体」へと性格を変えた．これによって，CWBは穀物生産者を代表して平原3州産の穀物を販売・輸出する組織としての性格をより明確にした．とはいえ，連邦政府によるCWBへの関与や保証がなくなったわけではない．CWBは年1回担当大臣に経営計画を提出し，連邦政府は当初支払い価格の保証，CWBの運営経費の融資保証，穀物の輸出信用に関する利子支払いの保証を引き続き行っている．

第2に，CWBによる穀物販売方式の弾力化である．今回の法改正では，運営のフレキシビリティー（柔軟性・弾力性）を高めることを大きな目標と

した.①プール計算とは別に予備費勘定を開設し,穀物生産者が出荷する穀物代金から一定の比率で拠出して原資を積み立てる.②穀物の現金買付方式を導入し必要なときにスポット買いができるようにした.

　第3に,販売独占の廃止や対象拡大の手続きの明確化である.CWB理事会の勧告とカナダ穀物コミッションが認可する品質保持規定が必要とされ,CWB理事会が重要と認めた作物は生産者による投票の過半数を得ることを要件とした.

　そこで,問題となるのは今回の改革によって実質的に何が変わったのかということである.今回のCWB改革は機構面での大きな変更を伴うものであったが,運営面では従来の運営方式の大枠を引き継いでいる.運営面では,予備費勘定の開設,穀物の現金買い付けを可能にするなどフレキシビリティーを拡大しているが,その具体化についてはCWB理事会の判断によるところが大きい.また,当初支払い価格の保証,CWB運営資金の債務保証,および輸出信用の保証といった連邦政府の保証・援助についても継続されている.

4. オーストラリアの穀物輸出産業とAWB民営化

(1) オーストラリアの穀物生産と輸出

　オーストラリアはカナダと並ぶ穀物輸出国である.穀物生産の主力は小麦であり,1998～99年度における小麦の作付面積は1,158万ha,生産量は2,211万トンであった.単位面積当たりの収量の変動が大きく,最近20年間の最高は1ha当たり2.09トン(1996年度),最低は0.77トン(1982年度)である.小麦の主産地は西オーストラリア州(810万トン),ニューサウスウェールズ州(670万トン),南オーストラリア州(340万トン),クィーンズランド州(220万トン)である[12].

　生産された小麦のうち4分の3は輸出され,最近の小麦輸出量は1,500万トンを超えている.主な輸出先はアジアおよび中東諸国で,1998年度では

イラン，エジプト，インドネシア，パキスタン，イラク，日本，韓国が主な輸出先であった．

小麦に次いで生産が多い穀物が大麦である．大麦の作付面積は309万ha，生産量は568万トンであった（いずれも1998年度）．そのうち輸出されたものは465万トンであった．

オーストラリアでは近年カノーラなどの油糧種子の生産と輸出が伸びていることも注目される．カノーラの作付面積は1992年度の11万haから98年度の127万haへ，生産は18万トンから176万トンへと急激に伸びた．カノーラの産地は，西オーストラリア州，ニューサウスウェールズ州，ビクトリア州，南オーストラリア州に集中している．92年度に5万トンしかなかったカノーラの輸出は98年度に132万トンまで伸びており，カナダの輸出量360万トン（98年度）には及ばないとはいえ，カノーラの有力輸出国としての位置を固めつつある．

(2) 穀物販売の仕組みとオーストラリア小麦ボード

オーストラリアの穀物輸出システムの特徴は，オーストラリア小麦ボード（Australian Wheat Board, AWB）が唯一の輸出機関として小麦の輸出を独占していることである．ワトソンによれば，1989年以前のオーストラリアにおける小麦販売の仕組みは次の4つの特徴をもっていた．

第1に，AWBが小麦の国内販売と輸出を独占していた．第2に，価格を安定化するための緩衝基金（buffer fund）が機能しており，価格が高いときに輸出税として徴収した基金を原資として価格が低下したときに生産者に支払っていた．この緩衝基金は1979年に廃止され，最低価格保障で置き換えられた．そして1989年には小麦産業基金（Wheat Industry Fund, WIF）が設立され，生産者からの拠出金をベースとする制度に代わった．第3に，国内市場と輸出市場との間で，また国内市場における食用小麦と飼料用小麦との間で価格差別化を行っていた．第4に，プール支払い制度である．これは，様々な市場への販売代金から販売経費と安定化支払いを控除した金額を配分

するシステムであり，価格リスクと販売コストを生産者の間で分担してきた[13]．

穀物の物流・保管施設はニューサウスウェールズ州，ビクトリア州，クィーンズランド州では州が所有し，西オーストラリア州と南オーストラリア州では生産者協同組合が所有していた．80年代中頃に穀物の物流・保管に関する検討委員会の勧告にもとづき，州所有の物流・保管施設は民営化され，生産者による所有となった[14]．とはいえ，現在でも物流・保管施設を経営する企業は各州ごとに1つずつしかなく，事実上の地域独占状態が続いている．

(3) オーストラリア小麦ボードの民営化

1989年の小麦販売法（Wheat Marketing Act）は，小麦販売の規制緩和と民営化を打ち出した．これはオーストラリアにおけるミクロ経済改革の一環であり，その主な内容は次のとおりであった．

第1に，小麦の国内市場の規制緩和であり，国内販売におけるAWBの独占を廃止することである．第2に，最低保障価格をやめて，AWBの借り入れに対する政府保証に変更することである．第3に，AWBの機構改革であり，生産者代表が理事会の多数を占めることをやめて，理事会の構成を販売専門家中心としてその中に生産者代表を含むように改変した．第4に，小麦産業基金（WIF）を設立して生産者に対するプール代金先払いの原資を積み立てることである．WIFは生産者から販売額の2％の拠出金を積み立てることで運営された．第5に，AWBは小麦以外の穀物の販売ができるようにした．1992年における同法の改正により，AWBは販売活動に付随する加工などの事業にも進出できるようになった．とはいえ，AWBの輸出独占そのものは維持された[15]．

こうした経過を経て，1999年7月からAWBは民営化された．その眼目は，グループ全体の事業を統括する持株会社AWB Limitedを設立し，そのもとに小麦の輸出，国内販売，融資・為替業務，検査業務，研究開発などの事業を行う子会社グループをおくことである．AWB Limitedの株式は2種類に分

けられており，A種株式は穀物生産者のみが所有でき，取締役会の多数メンバーを選挙する権利をともなっている．A種株主（全員が穀物生産者）が取締役の多数を選挙することにより，穀物生産者がAWB Limitedの経営権を確保したところに特色がある．B種株式は小麦産業基金（WIF）の持ち分に比例して配分され，配当を受け取ることができる．B種株主も今のところほとんどが穀物生産者であるが，株式が公開されており譲渡することができる[16]．AWB Limitedはグループ全体を統括する持株会社であるとともに，穀物の集荷・保管施設や物流施設の建設を行っている．最近ではエレベーター会社のグレインコ・オーストラリアとのジョイント・ベンチャーでメルボルンに輸出港湾施設を建設している．また，ビクトリア州ディンブーラに大規模な産地集荷・保管施設を独自で建設している[17]．

　持株会社AWB Limitedの子会社の中で重要な役割を果たしているのが，小麦輸出業務と全国プールを運営するAWB（International），小麦の国内販売と小麦以外の穀物の輸出を行うAWB（Australia），融資・為替業務を行うAWB Financeの3つである．

　オーストラリアでは連邦政府の小麦輸出機構（Wheat Export Authority）が輸出許可証を発行する権限を有しており，その管轄のもとでAWB（International）が小麦を独占的に輸出している．AWB（International）が責任をもつ全国プールにおいては，穀物生産者に対する販売代金の前払いをどうするかが大きな問題であった．民営化前はAWBが生産者に前払いする資金の借り入れを政府が融資保証していた．民営化後は政府の融資保証が廃止され，これに代わってAWB Financeが予想販売代金の80％を生産者に融資することになった．AWB Financeの融資によって，生産者は出荷後21日以内に予想販売代金の80％を受け取り，AWB（International）はプール販売収入から上記の融資を返済する．

　AWB（Australia）は国内およびニュージーランド，太平洋諸島地域への小麦販売，小麦の製粉，家畜飼料・豆類・油糧種子の国内販売と輸出，穀物輸出用船舶の用船などの事業を行っている．また子会社のAWB Seedsは新し

い種子の開発・商品化を行っている．このように民営化後の AWB は穀物販売・輸出にとどまらず，多角的な関連事業を展開する巨大なアグリビジネス企業となっている．

AWB による小麦の輸出独占は民営化後も継続され，2000 年に国家競争協議会 (National Competition Council) によるレビューを受けるとともに，2004 年に小麦輸出機構による見直しを受けることになっている．2000 年に行われた NCC レビュー委員会の勧告は，競争の導入は輸出管理の継続よりも便益が大きいが，1989 年小麦販売法を廃止するほどには議論が熟していないとして，2004 年のレビューまでは AWB による小麦輸出の独占を継続することとした[18]．

大麦販売については，南オーストラリア州とビクトリア州の法定販売機関としてオーストラリア大麦ボード (ABB) があり，オーストラリア全体の大麦の 50 % を取り扱っている．また，ニューサウスウェールズ州，クィーンズランド州，西オーストラリア州ではそれぞれ民間の法定販売機関が活動している[19]．ABB は 98 年の国家競争協議会のレビューにより国内販売独占の廃止と，生産者が所有する民間企業への転換を勧告されたが，同時に 2001年まで大麦の輸出独占を維持することが認められた．ニューサウスウェールズ州ではグレインズ・ボードが大麦，ソルガム，オーツ，カノーラなどの国内販売と輸出を独占していたが，1999 年の国家競争協議会のレビューで国内販売の自由化と大麦以外の作物の輸出独占の廃止を勧告された．とはいえ，飼料用・モルト用大麦の輸出独占は 2004 年まで維持することになった[20]．

結　び

カナダとオーストラリアの穀物輸出とそれを担う国家貿易企業を比較して，共通点と違いをまとめて結びとしたい（表 8-4）．

第 1 に，国家貿易企業が世界の穀物貿易に占める位置が大きいことである．カナダとオーストラリアを合わせると世界の小麦輸出の 34 %，大麦輸

表8-4 カナダとオーストラリアの穀物輸出のしくみ

	カナダ	オーストラリア
小麦輸出(同シェア) 1995～99年平均	1,758万トン (17.8%)	1,588万トン (16.1%)
大麦輸出(同シェア) 同　上	215万トン (14.1%)	339万トン (22.3%)
集荷・保管業務	エレベーター会社に委託	集荷・保管施設は生産者所有,州ごとの地域独占状態
小麦輸出の方式	カナダ小麦局 (CWB) の輸出独占,プール計算方式,予想販売価格の7割を集荷時に前払い	株式会社 AWB (International) の輸出独占,プール計算方式,予想販売価格の8割を AWB Finance が融資
大麦輸出の方式	上に同じ	南オーストラリア州とビクトリア州はオーストラリア大麦ボード (ABB) が輸出独占,ニューサウスウェールズ州,クイーンズランド州,西オーストラリア州はそれぞれの法定販売機関が輸出独占
国家貿易企業の改革	1999年1月から大幅な機構改革,生産者と政府の共同企業体に,販売・買い付けの弾力化	1999年7月から民営化,持株会社 AWB Limited が統括する企業グループに再編

出の36%を占めており,穀物輸出市場の中でも大きなシェアを占めている.

　第2に,両国の穀物輸出を担う国家貿易企業にはいくつかの共通点がある.生産者を代表して独占的に穀物を輸出していること,プール計算方式によって販売代金を生産者に分配してリスクをならしていること,かつては政府の融資保証や赤字補填などの援助を受けていたことなどがあげられる.穀物だけでなしに,乳製品や鶏卵など他の農産物の販売においてもマーケティング・ボードが独占的に販売しており,旧英連邦諸国に広く見られるボード販売方式の1つといえよう.

　第3に,カナダもオーストラリアも1990年代後半に穀物輸出を担う国家貿易企業の改革を行い,国家貿易企業の位置づけ,機構,事業経営などが大きく変わった.カナダ小麦局 (CWB) は1999年1月から大幅な機構改革を行い,連邦政府の公社から「生産者と政府の共同企業体」に変わった.また,

穀物販売と買い付け方式を弾力化できるようにした．オーストラリアの場合はさらにドラスティックであり，99年7月からオーストラリア小麦ボード（AWB）を民営化して，持株会社 AWB Limited のもとに小麦輸出，国内販売と小麦以外の穀物輸出，融資，試験研究などの子会社をもつ企業グループに再編された．にもかかわらず，①輸出独占のシングルデスクを継続していること，②穀物販売のプール計算方式の根幹を維持していること，の2点はCWBもAWBも共通しており，ある意味ではしたたかな対応といえよう．

こうした改革の背景として，国内的には規制緩和や民営化を求める議論に対応する必要があった．と同時に，国際的には WTO 農業交渉においてアメリカなどが国家貿易企業の活動に対して規律を求めており，これに先手を打って対応する必要があった．両国ともに国家貿易企業の行方は予断を許さないものがあり，カナダでは CWB の輸出独占をめぐる論争はなお継続しているし，オーストラリアでも 2004 年に AWB のシングルデスク見直しのレビューが予定されている．今後の動きを注視しつつ，主要な穀物輸出国の販売と物流のシステムを比較研究することが，穀物の7割以上を輸入に依存するわれわれにとってますます重要な課題となるだろう．

注
1) アメリカの穀物輸出の動向を分析した最新の研究として，磯田宏『アメリカのアグリフードビジネス―現代穀物産業の構造分析』日本経済評論社，2001年がある．カナダに関しては，松原豊彦『カナダ農業とアグリビジネス』（法律文化社，1996年），小沢健二『カナダの農業と農業政策』（輸入食糧協議会，2000年），オーストラリアに関しては，加賀爪優「オーストラリアの国家貿易機関とその規制緩和」『諸外国の国家貿易企業に関する経済分析調査―国家貿易企業研究会報告書』社団法人・国際農業交流・食糧支援基金，2001年3月，を参照．
2) Canada Grains Council, *Statistical Handbook* 各年次．
3) Canada Grains Council, *Statistical Handbook 2001*（Dec. 2001）．
4) Adrian Ewins, "Canola exports to China soar", *Western Producer,* March 29, 2001.
5) SWT社の経営責任者 Mark Schell とのインタビュー（2001年8月20日）およびSWTの資料による．
6) 同様に「独立系」エレベーターにカーギルが資本参加している事例として，サスカチュワン州北東部ワデナに立地するノースイースト・ターミナル（NET）が

ある．カーギルが22％の株式を所有して役員を2名派遣している．NET社はカーギルと25年間の取り扱い協定を結んでおり，カーギルがCWBの穀物全量の取り扱いを委託されるとともに，CWB以外の穀物の優先取り扱い権を有している（NET社のマネジャーAlec Dyokとのインタビュー（2001年8月21日）およびNET社の年次報告書（2000年度）による）．
7) Adrian Ewins, "Agricore United cuts elevators", *Western Producer,* November 15, 2001. Sean Pratt, "ADM cautious in offer to buy", *Western Producer,* November 15, 2001. Allan Dawson, "Concern raised about control of Vancouver terminals", *Manitoba Cooperator,* November 29, 2001.
8) サスカチュワン小麦プール広報担当者Don Rossとのインタビュー（2001年8月22日）による．
9) 松原豊彦「カナダの穀物産業再編と小麦ボード法改正」『1998年度日本農業経済学会論文集』1998年11月，松原豊彦「WTO農業交渉とカナダ小麦局の改革」『諸外国の国家貿易企業に関する経済分析調査─国家貿易企業研究会報告書』社団法人・国際農業交流・食糧支援基金，2001年3月．
10) CWB担当者とのインタビュー（2000年9月5日）による．
11) Grain Marketing: *The Western Grain Marketing Panel Report,* July 1996.
12) ABARE, Australian Commodity Statistics 2000.
13) A.S. Watson, "Grain marketing and National Competition Policy: reform or reaction?", *The Australian Journal of Agricultural and Resource Economics,* 43: 4（1999）, pp. 433-4.
14) *Ibid.,* p. 438.
15) *Ibid.,* pp. 438-9.
16) AWB Limited, *Annual Report 1998/99*（1999）, pp. 6-7.
17) *Ibid.,* p. 14.
18) 全国競争協議会のホームページによる（http://www.ncc.gov.au/nationalcopet/assessments/）．
19) 前掲，加賀爪「オーストラリアの国家貿易機関とその規制緩和」92～93ページ．
20) 前掲，全国競争協議会のホームページによる．

第Ⅳ部

成長・環境・文化

第 9 章

経済発展と環境問題

及川正博

はじめに

　1992 年 6 月ブラジルのリオデジャネイロにおける「地球サミット」で気候変動枠組み条約が採択され、地球温暖化防止等への取り組みが始まった．その後、97 年 12 月にわが国で第 3 回締約国会議（COP3・京都会議）が開催され、「京都議定書」が採択されて温暖化の元凶である二酸化炭素削減をめぐる国際間の取り決めが本格的に動きはじめた．ところが、世界で一番の排出量を誇るアメリカが、2001 年 3 月 28 日に突然、京都議定書からの離脱を表明した．フライシャー報道官は、記者会見で「ブッシュ大統領は、京都議定書を支持しておらず、アメリカ経済の利益にもならない．発効も不可能な見通しで、離脱するといっても、もともと議定書の実体がまだない」[1]と言明した．この驚くべきニュースへの反応は素早く、その日のうちに各国政府・国際機関・NGO などから批判が相次ぎ、カナダ、オーストラリア、ロシアなどのいわゆるアンブレラ・グループ、それに日本も非難の輪に加わった．29 日にはブッシュ大統領も自ら記者会見を開き、報道官と同じ主旨の発言を繰り返し、翌日、ブッシュ政権は、環境に背を向けた新しい国家エネルギー政策を発表し、原発推進と石油開発を打ち出した．
　この裏には、途上国の参加問題、経済への悪影響に加え、2000 年末にカリフォルニア州で電力不足が深刻化し、ガスやガソリンの価格が高騰したことがあるだろう．このエネルギーへの危機感と経済の停滞の恐れが、ブッシ

ュ大統領の環境政策の足を引っ張る要因になった．しかし，だからと言って，自国の国内事情を楯に国際社会が10年という歳月をかけて辛抱強く積み上げてきた気候変動枠組み条約締結への努力を無にしてよいという理由はないだろう．京都議定書の中身は確かに厳しく，実行には少なからぬ痛みが伴うが，運用ルールをめぐって交渉が難航し決裂を繰り返すのは，そのためである．

2001年6月21日のニューヨーク・タイムズとCBSの世論調査[2]によると，ブッシュ大統領の支持率は53％で，前回よりも7％下がった．回答者の6割以上が，ブッシュの言う「エネルギー危機」は石油会社を儲けさせるための口実だとしている．というのも，ブッシュ自身，石油で財を成した一族の出身で，また，副大統領のチェイニーも石油産業に通じた人物であるからだ．この世論調査では，すぐさま温暖化対策が必要であると感じている者が72％で，回答者の5割以上が，中国やインドといった発展途上国が同じ基準で参加しなくても，アメリカは京都議定書に留まるべきだと考えていることが明らかになった．世界の二酸化炭素など温室効果ガス排出量の4分の1を占めるアメリカが離脱することで，京都議定書は大きな困難に直面したのは確かである．大排出国アメリカ抜きで京都議定書を発効しても効果は大きく減るからだ．

京都議定書は恣意的で科学的な裏付けがない旨，記者会見でブッシュ大統領は述べた[3]が，『ニューズ・ウィーク』のコラムニスト，ロバート・サミュエルソンも「議定書の目標を達成しようとすれば，アメリカはかなりの経済コストを強いられるというブッシュの主張は正しい」[4]と彼の決定を支持した．だが，世界の各国がこれまで紆余曲折ながら諦めずに話し合いを続けてきたのは，このままだと人類の未来が危ないという共通認識があったからに他ならない．環境問題に関する著書もあるアル・ゴアが，大統領選に当選していたら，事態は大きく変わっていたに違いない．アメリカは，もう一度原点に立ち返るべきであろう．そしてまた，日本もアメリカと一緒になって行ってきた「抜け穴」さがしから身を引くべき時期に来ていると思われる．

本稿はこうした背景の下，経済成長問題，環境問題およびエネルギー問題という3つのE問題を軸に，今一度原点に戻って主観的に独自の見解を述べたものである．第1節では，今日神話化した感のある一時代前の「経済成長」とは何であったのか，その実体とそれが環境に与えた代価を論じ，さらに持続不可能な経済成長への依存から持続可能な生活の質の改善への方途を探る．第2節では，環境問題の基本である酸性雨，フロンガス（オゾン層破壊），温室効果に焦点を絞り，それらがもはや一国の公害問題ではなく，国境を越えたグローバルな問題となった経緯とその対処法を論じる．人間は環境が破壊されれば，もはや生きていけない．と同時に，経済の成長がなくても，生きていくことはできない．第3節では，この持続可能な経済成長と環境保全の基本的な政策のあり方を考える．以上はいわば環境問題の理論的側面だが，第4節は，その実際面に目を向け環境保全をエネルギーの効率的使用という観点から論じる．具体的には，1995年にドイツで出版され，世界的ベストセラーとなった『ファクター4』[5]で展開されたエコ効率革命の概念とその環境に配慮した実践活動を自動車，建造物，電力消費などの分野で考察する．

1. 「経済成長」信仰の代価

　先進国あるいは発展途上国においても同じことだが，繁栄というのは恒常的な「経済成長」によってのみ獲得せられ，また維持されうるのだと一般的に考えられている．そして事実，つい最近まで工業生産高と生活水準が先進工業国では着実に高まっていたが，さらなる高まりに対して疑いの念を抱く者は，ほとんどいなかったと言ってよいだろう．しかしながら，ここ数年，「経済成長」への信仰は，たいへん厳しい批判を浴びるようになった．
　どの国でも国民総生産は，主に鉱業，漁業，農業，製造業，サービス業などから成り立っているだろう．ところが，この「生産」という言葉は，厳密には誤称というべきである．たとえば，鉱業について考えてみよう．まず，

第1に，鉄や石炭のような天然資源は生産されるのではなく，地中を掘削して採取される．さらに重要なことは，これらの資源の供給は限られており，いったん，枯渇すると2度と回復不可能である．少ない天然資源の乱用は，われわれの貴重な財産を消費しつくすことを意味し，新しい富を生産することにはならない．われわれが高い生活水準への欲求を満たすために，これらの天然資源を意のままにどんどん消費し続ければ，未来の世代には何も残らないことは明らかである．これはとくにエネルギーに関して言えよう．石油とガスの供給は，50年以内には必ず枯渇すると予想されている．さりとて，2つの主な代替エネルギーである石炭と原子力は，両方とも簡単に受け入れることはできない．前者はそれが放出する二酸化炭素によって現に地球の気候に多大な影響を与えており，後者はその放射性廃棄物の確実で安全な処理方法がいまだ見つかっていないからである．

　次に漁業を単純に生産的な活動と見なすのも間違っているだろう．漁業は何かを生み出しているわけではなく，ただこの地球上の海洋や湖沼から自然の恵みを収穫しているに過ぎないからである．より大きくて速度の早い漁船とより大きな流し網や人工衛星などのハイ・テクノロジーを駆使して大量の漁獲が可能になったが，この結果多くの漁場で近年，劇的に漁獲量が減りはじめ回復不可能な所さえ出てきている．これは，いわゆる生産ではなく，減産のもう1つの好例である．必要量を取るだけの伝統的な漁法の精神が忘れられた結果に他ならない．

　先進工業国と第三世界で行われている農業も生産というよりは，消費の一形態である．農民が輪作せずに金になる同じ作物を何年も栽培し収穫することで，土壌の肥沃度も大幅に減少する．化学肥料の長年の使用は，耕作を一定期間持続させはするものの，やがて土壌を荒廃させる結果となる．こうして世界中の耕作に適した農地は，荒れ続けていく．さらに殺虫剤や地下水の過度の使用により，その被害はより一層広がる．また，草地や草原も過放牧により荒地と化す．ここ数年叫ばれていた農業の「成長」は，世界的に見て食料生産の減少という事態を招いているのは周知の事実だ．

工業および産業も当然，原材料とエネルギーや他の天然資源を必要とする．したがって，製造業者によって造られる「富」の多くは，現存する天然の「宝」の消費に基づいていると言えよう．われわれの工場が製品を造れば造るほど，天然資源はなくなっていく．現世代の人々の富や繁栄は，その子供と孫の世代の大きな犠牲の上に成り立っていることを見逃してはならない．

　経済成長は，こうして世界中の天然資源の深刻な枯渇をもたらしたのみならず，地球環境に甚大な影響を与えてきた．化石燃料を燃やすことで大気汚染，酸性雨そして地球温暖化が進んだ．ダイオキシンやPCBのような何千という恐ろしい化学物質の生産とその処理は，河川，湖沼や沿岸地域の広範な汚染と密接な関係がある．オゾン層は，フロンガスや工業・産業活動で使用される他の化学物質によって大きな打撃を受けている．こうした損害は，経済成長に関する統計には決して現われないのだ．もし現われるとしたら，損害が利益を大きく上回るのは明らかであろう．

　さて，経済成長の恩典もいまや幻想になった感がある．最近，多くの人々が生活水準と生活の質とを区別するようになってきた．国民総生産などの統計によって表される生活水準が上がる一方で，生活の質の方は1970年代でほぼピークに達し，いまや下降傾向にある．われわれの環境は汚染され，都市は過密化し危険な状態となってきている．われわれの生活もストレスと不確実さに溢れ，犯罪や離婚などのいわゆる家庭崩壊も確実に増加の一途をたどっている．また，われわれの家族団欒は，安っぽいテレビ番組や娯楽によって占領され，生活に恵まれない人々やホームレスの人々に対する同情心も失せ，教育水準や健康への関心も低下していると指摘する社会学者も少なくない．

　先進工業国は，これ以上維持することが不可能な経済システムにいまだ縛られている．持続不可能な経済成長への依存から持続可能な生活の質の改善へと考え方を変える必要があろう．このことは次のことを意味する．すなわち，公共の健康や安全に対する水準の向上，環境改善，犯罪・貧困・疾病・飢餓などの撲滅，そして高齢者や障害者へのより良いサービスの提供などで

ある．また，それは工業と農業における大きな変革を意味する．化石燃料は，その安価なコストにもかかわらず，クリーンで安全な代替可能なエネルギーに取って代わられるべきである．リサイクルが不可能であったり，環境に害を与える製品の製造は，罰金税（ペナルティー・タックス）によって抑えられるべきである．農民も土壌を消耗させ河川を汚染しわれわれの健康を蝕む農薬や化学肥料の使用を極力やめて，土壌に活力を与える他の方法をとるべきであり，それを促進するための刺激策が政府によって積極的に図られる必要がある．食品製造業者は，公衆衛生関係者と協力して有害な食品添加物をなくし，健康食品の促進に努めるべきである．他方，消費者の態度も変わる必要がある．使い捨てや物質万能主義をやめ，今ある物に満足し喜びを見出すことを学ぶべきであろう．持続不可能な成長と結びついた文明というものは早晩，滅びる運命にある．われわれはこうしたいわば危険な中毒がわれわれ自身の身を滅ぼす前に，予防と治療に専念すべきである．

　「経済が成長・発展するためには，環境問題には目をつぶらざるを得ないのではないか」と，これまで多くの人が考えてきたが，ここで忘れてならないことは，「環境汚染が経済活動を妨げる」という事実である．1968年4月に世界10カ国の有識者で結成された「ローマ・クラブ」の「成長の限界」(1972)という報告書は，われわれの日々の生活を支えている農業や工業は，良い環境があってこそ成り立つわけで，環境が悪化すれば近い将来，必ず経済活動全体が行き詰まる恐れがあるという．これ以来，多くの年月が経ったが，地球環境が良くなったとは決して言えないのが現状である．われわれは今一度この言葉を嚙みしめるべきだろう．もちろん，経済活動を完全に停止することはできないのであるから，今後は環境と両立できる「持続可能な経済成長」という発想が一層求められる．地球環境なしでは経済も成り立たないからだ．

2. 環境破壊と汚染のグローバル化

1952年12月に折からの悪天候でロンドンに濃霧が発生したが，緊急警告などは発せられなかった．もともとロンドンっ子は濃霧には慣れっこになっていたからである．しかし，今回の濃霧は違っていた．5日間にわたって居座り続け，ロンドン中を麻痺させたからである．また，気管支の異常を訴えた患者が激増した．10日経ってやっと濃霧は去ったが，イギリス議会によると，この時4,000人もの死亡者が出たとのことである．

この恐ろしいスモッグの原因は，巨大な発電所から出る硫黄を含んだ煙が冷たい湿気を大量に含んだ霧の水滴と混じり合って起こったのである．このすぐあとに議会を通過した緊急法のお陰で，それ以来イギリスでは死亡者が出るような濃霧は起こらなくなった．工場や発電所も今では煤煙を風が遠くへ運ぶような高い煙突を建設し，一般の家もそのまま石炭を焚くこともなくなった．しかし，ここで新しい問題が登場した．工場からの煤煙と自動車の排気ガスが雲の中の水滴と混じり合って酸性雨となって降ってきたのである．酸性雨は湖沼や河川の魚など水生動・植物を死に至らしめ，森林に危害を及ぼし，さらに建造物へも被害を与える．酸性雨はまた，古くなった水道管の鉛を溶かし，飲料水を汚染する．酸性雨の問題は国境を越えるもので，長年ノールウェイは自分たちの湖や川を汚染したとしてイギリスを非難してきたが，1984年にやっとイギリス当局は改善策を約束して，その責任を認めたのである．

この酸性雨問題に関しては，2つの簡単な解決法が考えられるだろう．1つはたった0.03％しか硫黄分を含んでいないカナダで産出されるような低硫黄の石炭の使用である．イギリスでも低硫黄の石炭を産出していたが，経済的な理由で炭鉱が閉鎖され，政府も再開を拒んでいる．もう1つは，煙突から煙が出る前にその硫黄分を取り除く方法である．この方法は120年以上も前からドイツで行われていた．皮肉にもこの方法はイギリスで開発され

たが，非経済的だということで取り止めになったのだ．英国中央電力委員会はつい最近まで2億ポンドもかかるので発電所に煙道ガス硫黄除去装置を設置する余裕はないと主張していた．しかし，将来の人々の健康や幸福のためには一般消費者に少し税を多く負担してもらう必要性を感じ，やっと重い腰をあげて積極的な運動を展開しはじめた．1989年にはアメリカ政府も，自国およびカナダの人々に新しい大気浄化法を提案し，「大気汚染防止法」[6]が実施される運びとなった．これは電気代を一律2％消費者に負担してもらい，それによって60％の大気汚染を食い止めるというものである．

　酸性雨同様，フロンガスの問題も一国だけの問題ではない．地球の上空15〜50kmにはオゾンガスの厚い層があり，それが太陽から放射された紫外線の大部分を吸収する．しかし，過去50年位の間，このオゾン層が人間の造り出したフロンガスという敵の襲来を受けてきた．フロンガスは周知のように，スプレー用の高圧ガス，冷蔵庫やエアコンの冷却剤，コンピューター洗浄のための溶媒などに長年使用され，また家具やファースト・フードの容器にも発砲スチロールとして使われている．

　アメリカの研究者フランク・ローランド[7]は，時間が経つとフロンガスがどうなるか疑問を抱くようになった．そして彼はフロンガスの元素は成層圏までゆっくり上昇し，紫外線にぶつかるとクロライン（塩素）を放出すると理論づけた．これがオゾンと混じり合って塩素一酸化物を作るというもので，ローランドは，この過程でオゾン層が完全に破壊されることを発見した．1974年に彼は化学界に警告を発し，この4年後にはアメリカ議会はエアゾール・スプレーなどに使われているフロンガスの中でももっとも一般的であるフレオンの使用を禁止したのである．このローランドの疑惑は84年10月に南極に駐在して調査を進めていたジョセフ・ファーマンをリーダーとするイギリス南極調査所の研究チームによって確認された．彼らはオゾン層の劇的な消失いわゆるオゾン・ホールを発見したのである[8]．最近の例では，過去20年以上にわたってアメリカ上空のオゾン層が数十％も破壊され，同時に致命的な皮膚ガンであるメラノーマ（悪性黒色腫）が異常に発生したこ

とが明らかにされた．

　1987年に，モントリオールの会議で55カ国以上の国々が向こう20年間でフロンガスの製造を半分に減らす努力をすることで意見の一致をみたのは，大きな進歩であった．そして1990年までに，もっと急激な行動がとられなければならないことが明らかとなり，その年の6月には53カ国が2000年までにフロンガスを完全に禁止することで同意した．その後，いくつかの安全な代替品が開発され，アメリカの食品容器製造業者も，フロンガスの使用をやめた．しかしながら残念なことに，フロンガスの製造業者がその製造を即座にやめたとしても，事態は良くなるどころか悪くなっている．その理由は，ローランド教授によれば，フロンガスは成層圏に達するまでには15年位かかり，今日観察されているオゾン層の破壊は過去の低い製造レベルの時のものであるということである．さらに，もう1つハロンと呼ばれる人間が造り出した化学物質があり，これはフロンガスよりもオゾン層に10倍もの害を及ぼすとされているが，モントリオール議定書ではこれに関する規制はなされず，現在の状態のままその製造が続けられている．今後，太陽の下で過ごす者は，仕事であれレジャーであれ，皮膚ガンにかかる可能性が十分あることになる．

　酸性雨とオゾン層破壊は両方とも対策を講じるのがなかなか難しいが，これよりもさらに複雑で間接的影響をわれわれに及ぼす世界的な環境問題がある．言わずと知れた温室効果の問題である．簡単に説明すれば次のようになろう．化石燃料，すなわち石炭，ガス，石油を燃やすと大量の二酸化炭素が放出される．これが大気中に蓄積し地球の周りに帯状となってちょうど温室のガラスの働きをする．つまり，太陽の熱を吸収する一方で，地球からの放射熱を遮断する．この温室効果によって世界中の温度は年々上昇し，顕著な気候変動が各地で起こっている．北極・南極の氷河が溶け，21世紀中には数メートルも海面が上昇し，洪水が多くの海岸地帯を襲い何百万もの人々が移動を余儀なくされると予想されている．旱魃や沿岸地域の洪水によって被害を受けた地域からは多くの避難民が発生し，深刻な地域紛争が起こる可能

性さえある．さらに，マラリアのような熱帯特有の病気さえも蔓延するであろう．

多くの科学者は異口同音に，温室効果はもう手の施しようのないほど深刻な問題で，政府による正しい判断が下されれば少なくとも事態の悪化だけは食い止めることができると言う．したがって，今もっとも緊急なことは，大気中に放出される二酸化炭素の量を減らすことである．これは，とりもなおさず化石燃料から代替エネルギー，すなわち原子力や太陽エネルギーへの転換と車の排気ガスの大幅な削減を意味する．と同時に，森林やプランクトンといった二酸化炭素を吸収する自然の力を借りることをも意味する．これが，世界各国による気候変動枠組み条約のできるだけ早い批准が求められる所以だ．

金持ち国であろうと貧乏国であろうとにかかわらず，どの国々にとっても変革が必要であることは明らかで，それには大きな犠牲が伴う．たとえば，ノールウェイはすでにエネルギーのすべてを無害な水力発電によって得ているが，北海油田のガス輸出が落ち込めば財政的な打撃を被る．バングラデッシュは豊富な石炭とガスを有し，この国の発展にこれらは重要であると考えられているが，ダムやまして原子力発電所を作る余裕はない．ちょうどかつて1,500万ものベンガル人が家を失ったように，温室効果の影響をもろに受けて海面が上昇すれば，壊滅的な打撃を受けるのは必至である．そして，これが実際に起こる可能性は大であると予想されている．ブラジルは大きな借金に苦しんでおり，ほとんどの人は貧しい状態にあると言われている．借金を返済し，生活水準を引き上げるためブラジルは十分なエネルギー供給による経済成長を必要とし，クリーンなエネルギーを豊富に供給するためにダムが造られている．しかし，ダム建設は近隣の森林破壊を推し進める．だが，森林は温室効果を食い止めるためには絶対に必要なのだ．ここでブラジル人の5倍以上もの二酸化炭素を放出するアメリカに，森林を保全するために財政援助を依頼するのは無理な注文ではないだろう．

さらに多くの先進国の人々は自分たちの国土の多くを荒廃させる恐れのある二酸化炭素を減らすために，これまでの贅沢な生活習慣を捨て去る覚悟を

持つことも重要である．問題の核心は十分認識され，解決策もはっきりしている．痛みを伴う決断が未来の世代を犠牲にしてずるずると先延ばしにされてはならないのである．1997年第3回締約国会議で採択された京都議定書が，アメリカの離脱宣言によって紙切れ同然になりかねない状態となった昨今，地球温暖化を食い止めるため，これまで以上に各国が一致団結し，二酸化炭素削減への努力を一層傾けることが大事なのだ．

3. 持続可能な経済成長と環境保全

　先に述べたように，地球環境は重大な危機に直面している．オゾン層が破壊され，地球とその住民は紫外線を生じる放射物に曝されている．地球の温度が次第に上昇し，それが旱魃，洪水，ハリケーンなどの多くの災害をもたらすと予想されている．酸性雨は森林に甚大な危害を及ぼし，ヨーロッパや北米の湖を死に至らしめている．他方，熱帯雨林は大規模な材木伐採や焼畑農業によって破壊され，そこに住む何百万もの生物種が死へ追いやられている．こうした危険な現象は，この地球上の全生命をいずれ破壊させるのではないかと人々を不安に落としめるのに十分である．考えてみると，環境破壊に関して，これまでにも多くの警告がなされてきた．酸性雨による影響に関する最初の公式な報告は，すでに1872年に行われているし，1896年には早くもスバンテ・アレニウス[9]が，地球の温度に影響を及ぼす「温室効果」を予言している．レイチェル・カーソン[10]は，1962年に農薬の有害な影響を警告した．しかし，その警告は環境よりも企業利益により関心を寄せる政府によって無視され続けたのであった．

　当時，アメリカ政府は本当に行動をおこす必要があるか否かは，リサーチをしてみないとわからないと主張した．そして科学者が環境を守るため何らかの対策の必要性を確認すると，今度は言い訳を言い出した．たとえば，財政的余裕はないとか，経済が打撃を受けるとか，有権者が反対するという風にである．今回のブッシュ大統領の京都議定書離脱声明は，奇妙にもこのこ

とを思い起こさせる．たとえこれらの言い訳が正当だとしても，こうしたわれわれの地球を死に至らしめるような政府の態度を許すことは到底できないし，実際問題として，上記の如き言い訳は何の正当性も持たないと言うべきであろう．

まず第1に環境を守ることは，必ずしも財政的に見て高くつくものではない．エアゾール噴霧器の販売が，1978年にアメリカで禁止されたが，納税者，消費者双方には何の財政的負担をかけなかったし，少なからぬ製造業者も最初は抵抗を示したものの，もっと安価な代替品をじきに開発した．アスベストス（石綿），鉛入りガソリンやDTTといった他の有害製品の禁止も，同じく製造業者には経営上不都合をもたらしたかもしれないが，消費者には安価でより良いものが提供されることになった．歴史上，もっとも費用がかかった90年のアメリカの「大気汚染防止法」でさえ，1人当たり1,000ドル以下の負担を強いたものであり，発電，自動車，ガソリンといった大気汚染と関連した物に対して値段を高くすることで実施された．厳しい大気汚染防止法の実施は，一時解雇や破産にときおりつながった．だが，逆にこの法律が新たに環境サービス産業を生み出し，これによって開発された新しい技術も紹介されている．『ワシントン・ポスト』のティモシー・ワースによると，91年に環境サービス産業は7万もの企業を擁し，アメリカ・ドルで1,300億ドルもの収益をあげ，100万以上の雇用創出をするに至った．ある調査によれば，エネルギー保全のため，化石燃料を代替可能なエネルギーに置き換える政策は，伝統的なエネルギー生産にかかわる100万人ほどの失業者を招くが，新しいエネルギーの分野では，新たに400万の雇用を促進するということである．

もう1つの重要なファクターは，環境を守らなかったために被る長期的な経済上の代価である．わが国の環境庁の調査によると，汚染による損害はそれを防止するための費用の10倍もかかるということである．地球温暖化は，アメリカ経済に1年当たりのGDPの6％以上の打撃を与えると予想されているが，他方これを防止するための対策にかかる費用はGDPの2％も

かからないという．酸性雨は森林，農地，内海の漁業，歴史的建造物，橋，水道管や車のタイヤにさえ悪影響を及ぼし，結果として防止にかかる費用をはるかにしのぐ．おそらくもっとも高いツケは，人間の健康を蝕むことである．政府，保険会社やその他一般人も毎年，大気汚染，食品内に含まれる殺虫剤や他の有害物によって引き起こされる病気を治療するために莫大な金を使っているが，こうした状況は簡単に変えられることを知るべきであろう．

他のしばしば見逃されている事実は，環境防止が，それに不満をよく述べる企業に利益をもたらすということである．製造業者や電力会社は，法律によってエネルギーを効率よく使用するよう義務づけられるが，実は，これは燃料費節約につながっている．同様に，リサイクルを促進する各種条例は，原材料のコスト削減に究極的にはつながる．さらに，もしこのような条例が導入されなければ，少なくなりつつある資源の枯渇は，ますます進むことになるのだ．

有権者の多くが，環境保全のための対策を支持しないという主張も間違っているだろう．国連の環境プログラム（UNEP）の調査[1]によると，調査に加わった 14 カ国のうち，13 カ国の大部分の人は，環境保全のためには政府がより多くの支出をし，自分たちの生活水準が多少，低くなっても構わないということである．面白いことに，今では多くの企業が，環境保全を大いに支持している．海抜の低いオランダは，世界でもっとも環境に神経質になっている国である．地球温暖化によって海面が上昇すると国土の半分を喪失するので，90 年には全企業のうち 3 分の 2 以上が環境投資を行ったが，このうち 70 ％はボランティアであった．オランダは全収入のほぼ 3 ％を環境保全に費やし，その金は有効に使われることになっていると言われている．

最近では経済人と環境主義者双方とも，環境を守るための対策の必要性だけでなく，もっとも適切な対策は何かに関しても意見の一致をみている．地球温暖化は，二酸化炭素と一酸化二窒素（亜酸化窒素）排出の大幅な削減でのみ食い止めることができると言うのだ．アメリカ一国で全世界の全排出量の約 25 ％の二酸化炭素を排出していると言われており，炭素税を導入すべ

き第1の国になるべきであろう．炭素税は化石燃料とその炭素の内容に基づいて課すべきであるが，とくに石炭にはもっとも高い税を課す必要がある．このような税には二重の効果が期待される．税が高くなると，当然，人々は低い炭素の燃料を使用することになり，この税は環境にやさしい代替エネルギー開発に使われることになる．酸性雨は同じような手段で食い止められよう．すなわち，硫黄の排出に課された税は，化石燃料によって造られた電気の値段を押し上げるが，こうして得られた税は太陽光や風力発電の開発に向けられる．熱帯雨林保護には重税で臨むことが大切であり，ラワンなどの硬質材の輸入禁止と持続可能な林業を行っている国々への財政援助が必要であろう．われわれの食料と水を汚染する農薬にも重い税が課されるべきで，その税金は生態系を乱さない農法を促進するために使われるべきである．税金，財政的援助，有害物質に対する制約とその禁止は，地球環境を救い守るためのもっとも有効な武器である．断固，これらの武器は使用されなければならない．

4. 環境保全とエネルギー対策

アメリカコロラド州デンバーにロッキーマウンテン・インスティテュートという研究所がある．この研究所は，エネルギーをできるだけ効率よく使う方法を開発する取り組みに長年携わってきた．そこの研究員のエルンスト・U. フォン・ワイツゼッカー，エイモリー・B. ロビンス，およびL. ハンター・ロビンスが，研究成果をまとめて豊かさを2倍にし，自然消費を半分にするというスローガンを掲げた1冊の本を1995年に出版した．タイトルは『ファクター4』といい，その意味はエネルギーの使用量を半分に減らすことで元のエネルギー量を倍にし，それを効率よく使うことでさらに倍増する，つまり，元のエネルギーを4倍にするということである．要するに，現在よりも4倍の生産・消費効率を持たせるというもので，エネルギーの効率的使用が結局は，エネルギーの大きな保全につながるという考え方であ

る．この本ではこうした考えの下に，エネルギー節約に関する数々の非常に興味深い方策が報告されている．ここで，そのいくつかの事例を紹介することにしたい．

　著者らは長年の研究の結果，他のエネルギーを開発しなくても今あるエネルギーを効率的に使うことが，結局エネルギー保全につながるとの結論を得たのであった．この本には，アメリカで10数年ほど前カルフォルニア州の電力会社パシッフィック・ガス・アンド・エレクトリック社がエネルギー保全に一役買ったことが紹介されている．同社はマイナスのワットという意味のネガワットという言葉を生み出して無駄な電力を一切使わないよう努力し，電力を消費しない一番良い方法は何かを顧客とともに考えたのである．

　『ファクター4』によれば，安価な冷房・暖房装置，冷蔵庫などの家電機器や建物のデザインにもずいぶんエネルギーの無駄を生じさせているものがあるという．消費者は総じて安い家電機器を買いがちだが，ほとんどの安価な製品は電気を無駄に消費するものが多い．一番無駄が多いのは，エアコンを動かす電力供給のシステムである．『ファクター4』によると，石油を燃やして電気を造ってもそのエネルギーは多くても40％しか有効に使えず，60％は無駄になるという．それを電線を通じて送電すると，さらに途中で70％が失われるそうだ．電気のスイッチをつけると，今度はその10％しか照明として使えず，90％は温度として消費されてしまう．普通の電球の場合，発電所で作られた電力の99％が無駄になるという．これをたとえば，敦賀湾の原発に当てはめて考えると，そこで如何に電力を多量に造っても，大阪や京都に送る過程でその多くが失われるということになる．これは実にびっくりする事実であり，多くの人はたやすく信じることができないであろう．近い所ならいざ知らず，遠隔地に送電する場合は高い電圧が必要になり，その過程で大量電力が失われる．近い所で作って，近い所で使う方がはるかに効率的であるのだ．要するに，地域の必要量を地域で造るのがコスト的に安いうえに，エネルギーの無駄が防げるということであるが，現実には，そうなっていない．

これまでのエネルギー政策は，1カ所の大きな発電所で大量に電力を作るのがごく普通であった．イギリスのウェールズにセンター・フォー・オルターナティヴ・テクノロジーという研究所がある．そこでは必要な電力はすべて自家生産しているという．石油・石炭は一切使わず，必ず太陽光，風力あるいは水力を使って発電し，面白いことに，建物の中に入るための水力発電によるエレベーターがあるという．また，ヨーロッパに最近増えてきたものにエコ・ビレッジがある．エコ・ビレッジでも必ず自分の必要な電力は自分で造るのが建て前になっている．エコ・ビレッジ・ネットワークと呼ばれるものは，国からの電力システムでは十分な電力が期待できないので，ネットワークを形成することで独自に電力を得るシステムである．その有名な例をスコットランドに見ることができるという．

　ワイツゼッカー等によれば，ファクター4は必ず可能でありファクター5，6，7も可能で，工夫と努力次第で10までいけると言う．ただし，鉄鋼やアルミ工場では今以上にエネルギーの効率性を高めることは難しいかもしれない．この分野ではリサイクルが，何よりのエネルギー保全になるだろう．ここで，「ファクター4」の概念を参考に以下，3つの分野すなわち自動車，建物および電力消費において如何にエネルギーを効率的に使用し，その無駄を省くことができるか，考えてみよう．これらはみなわれわれの身の回りの物だけに，心がけ次第で簡単に実行できることばかりであるからだ．

　まず，自動車であるが，ロッキーマウンテン・インスティテュートの研究によれば，エンジンをかけてガソリンを燃やすとエンジンを回すだけでガソリンの20％が消費され，そのうちの1％だけが乗員を運ぶのに使われる．残りの99％は車体を運ぶために消費され，大部分はエンジンを運ぶために使われるという．したがって，エンジンの重さを極力減らし，車のボディを軽くし，タイヤの回転を良くするとかなりのエネルギー量の節約となる．また，エンジンの材料もセラミックのような軽い素材を使い，ハイブリッドのような技術を導入してブレーキにかかるエネルギーの効率化を進めれば，全エネルギーの2割を削減できる．こうして自動車生産のコストが下がれば，

新車もずっと安い値段で購入が可能となる．

　最近の自動車はゼロ・エミッションと呼ばれている．ゼロ・エミッションとはガソリンを使ってはいるが，その排気ガスが普通の化石燃料から出るものより非常に少ないので，こう呼ぶのであるが，文字通り排気ガスがゼロということはあり得ない．カルフォルニア州では90年に従来の「大気汚染防止法」が改定され，ゼロ・エミッションを義務づけた．この法律ではゼロ・エミッションの車を3割製造しないと自動車会社は車の販売ができず，しかも2002年までにこの目標を達成しなければならないという．こうして各自動車会社は必死にゼロ・エミッションの車を製造するようになったが，その背景にはガソリンの使用量を削減することが，そのまま排気ガスの規制に結びつくとの考えがあるからだ．

　建物に関するロッキーマウンテン・インスティテュートの試みは，すでに一部を紹介したが，ここでは他の興味深い例を取り上げたい．この研究所は標高2,200mの所にあり，そこでバナナを実験的に作っている．冬になるとマイナス数十度になる場所だが，このバナナ作りにはハイテクだけを用い暖房器具などは一切使わない．スーパー・ウインドーというガラス窓だけで内部の温度を保っており，これがインシュレーション（断熱材）やヒート・エクスチェンジャー（熱交換器）として温室の役割を果たす．こうして，必要量のエネルギーはすべて太陽から取り込み，余剰の電気は近くの電力会社に売っているほどであるという．こうした設備を持つ施設は，建設にかなりの費用がかかったと思われがちだが，実際は通常の建設費よりも安かった．暖房のシステムがないので，その分，金を節約できたというわけだ．

　また，研究所の照明はその日の太陽の明るさによって左右されるが，コンピューターで自動的に制御されるので，外が明るければ内部を暗くし，外が暗ければ内部を明るくすることができる．この他，冷房や暖房，料理，照明，水などのエネルギー節約のために設備に幾らかの金をかけたが，わずか10カ月でもとが取れたという．これが今から20年位前に実現されていたというから，いささか驚きである．もし今作ったならば，当然，もっと効率よく

できるはずであろう．ドイツのハノーバーにあるエクスポ2000年のために作られたクウォンズバーグ・シュトランドという町は，郊外のいわゆるベッド・タウンで，ここに建てられた家には，前述のような設備がすべて整っている．また，イギリスのレスターにあるデ・モントフォート大学のクウィーンズ・ビルディングも，環境技術と建築の要素を両立させた省エネの建物として有名である．さらにオランダのアムステルダムにあるING銀行も，省エネ・ビルディングの好例と言えよう．

　このように自動車と建物にはファクター4が十分可能であるが，電力消費も省エネが大いに可能な分野である．デンマークでは，使用している全電気量の45％を電化製品が占めると言われているが，照明器具をはじめ冷・暖房器具，冷蔵庫，温水器，洗濯機，扇風機などに今ある技術を使えば，この45％を25％位まで削減できるだろう．アメリカでは，全電気量の6分の1が冷蔵庫に使われているという．ロッキーマウンテン・インスティテュートの場合，1972年に普通の冷蔵庫が1年に使う電気量は3.36kWだったが，1983年では0.19kWだった．この数値は過去10年間のものであるが，まだまだ下げることが可能だろう．使用している電気量の5分の1が照明のためだからである．

　電球に関しては，75Wの普通のものから18Wのコンパクト・フルオリーセント（蛍光灯）に変えれば，1トンの二酸化炭素を減らすことができると言われている．ファイバー・オプティックス（光を通すガラスやプラスチック繊維の束）とライト・シャフト（明り取り）を使えば，さらにエネルギーの節約になる．とくにファイバー・オプティックスは，直進の明かりでなくても取り込めるのできわめて効率的であり，前述のING銀行では，これを大量に使っているとのことだ．コピー機やコンピューターは，昔は使用していなくてもかなりの量の電気を食ったものだが，今では節電機能が付いており大きな前進である．電化製品を使用する場合，100ボルトACよりも24ボルトDCの方がエネルギー消費量が少ないので，電力節約につながり一般家庭でその導入が検討されるべきである．エコ・ビレッジでも24ボルトDC

の電化製品を使用したいとの声が大きくなってきているという．

　以上，3つの分野において節約と創意工夫によってかなりのエネルギー量を削減できる事例をみた．『ファクター4』で強調されていることは，一つひとつの分野でエネルギー節約を心がけるのはもちろんであるが，大事なのは全体のエネルギー量を節約するということだ．自動車の場合，エンジンだけを見ると10％しか節約できないが，ボディでも10％節約できるし，さらに20％はエンジンの小型化で可能であることはすでに見た．これをインテグレイテッド・セイビングス（統合的節約）という．自動車が動くということは，実はそのシステム全体がすべて一緒に動いているわけだ．一部分だけでなく，全体を見ることでファクター4を進めることができる．1プラス1は2だが，この場合1プラス1は4ということである．

　エネルギー保全について政府に十分な戦略がなくても，企業が進んで戦略を練ることが大事だ．COP3では地球環境を守るためにさまざまな取り決めがなされたが，アメリカの京都議定書からの撤退に見られるように，それらのほとんどが破られるのは，残念ながら確実になってきている．2000年に1990年の水準までCO_2の量を減らすという取り決めがあったにもかかわらず，実際はそれよりも15％位も増えていると言われている．いわゆる先進国が二酸化炭素削減に二の足を踏む最大の理由は，経済が大きな打撃を被るということだが，経済的ショックを理由にするのは明らかに先進国のエゴであり，単なる言い訳に過ぎない．なぜならば，『ファクター4』の著者が言うように，それは努力と創意工夫によって実現が可能だからである．このように政府が頼りないのであれば，企業の側からリーダーシップを発揮してもらうことが期待されよう．通常，企業というものは利益や儲けだけを念頭に活動すると一般に考えられているが，環境を真剣かつ深刻に受け止めさまざまな環境保全活動に取り組んでいる企業が最近とみに増えてきたのは歓迎すべき傾向だ．これはちょうど株式会社が株主に義理を果たすのと同じことなのである．

注

1) http://www.whitehouse.gov/news/briefings/20010328.html
2) http://www.jca.apc.org/~kikonet/2001/change-c/Bush/USadmin.html
3) http://www.whitehouse.gov/news/releases/2001/03/20010329.html
4) 『ニューズ・ウィーク』日本版，2001 年 7 月 4 日号，TBS ブリタニカ，47 ページ．
5) エルンスト・U. フォン・ワイツゼッカー，エイモリー・B. ロビンス，L. ハンター・ロビンス著，佐々木建訳『ファクター 4 ―豊かさを 2 倍に，資源消費を半分に』省エネルギーセンター，1998 年（原書は 1995 年ドイツ語で出版）．なお，英語版は次のものを参照した．Ernst von Weizsacker, Amory B. Lovins and L. Hunter Lovins, *Factor Four ? Doubling Wealth, Halving Resource Use,* Earthscan Publications Ltd., London, 1997. これと関連して，前年 1994 年には，F. シュミット＝ブレークによる『ファクター 10 ―エコ効率革命を実現する』が，ドイツ語で出版されている．邦訳は佐々木建訳，シュプリンガー・フェアラーク東京，1997 年．原題は「人類にはいったい，いくつの地球が必要というのか」である．ファクター 10 とは，現在の 10 倍の生産・消費効率を持つことを意味する．著者は，MIPS（サービス単位当たりの物資集約度）と FIPS（サービス単位当たりの地表集約度）という耳慣れない物差しを用いて，これまでの先進国中心の経済システムでは現れてこなかった経済活動のもたらす環境への影響をコストとして認識することで，国民総生産（GDP）や価格システムに基づく現在の市場経済から脱却してエコロジカルな市場経済を目指すことを主張している．本稿では，エネルギーの効率的使用に関して「ファクター 10」コンセプトよりも，さらに実現性に富み，「割当」や「規制」によらなくても市場原理によって実現できる事例を扱った「ファクター 4」のアイディアに注目し，環境保全とエコ効率性を考える．
6) アメリカの「大気汚染防止法」は，保護立法として 1963 年に成立して以来，何度も更新されて新たな条項が付け加えられてきた．70 年のものには，自動車の排気ガス規制，工場や発電所の煙や排気ガスを少なくする条項が含まれ，自動車産業をはじめ経済社会全般にさまざまな影響や波紋を生んだ．90 年の改正では，90 年には 2,000 万トンだった亜硫酸ガス排出量を 2000 年までに 1,000 万トン減らすとした．
7) フランク・ローランドはアメリカ・カリフォルニア大学アーバイン校の教授．彼は若年の研究者マリオ・モリーナと共同で，1974 年 6 月発行のイギリスの科学雑誌『ネイチャー』にフロンによるオゾン層破壊について「環境中のクロロフロロメタン類」という論文を発表し，当時の学会に波紋を投げかけた．
8) ジョセフ・ファーマンは，1985 年 5 月『ネイチャー』に論文を発表し，「南極上空成層圏オゾンの量は，ここ 27 年間ほどの間，減少の一途．1970 年代の値に比べると，40 ％以上も減った．これはフロンに含まれる塩素が原因である」と述べた．

9) スバンテ・アレニウス (1859-1927). スウェーデンの物理・化学者で，1903年にノーベル化学賞を受賞している．
10) レイチェル・カーソン (1907-1964). 1962年『沈黙の春』で，殺虫などの目的で環境中に放出されたDDTやBHCをはじめとする多くの有機塩素系農薬などの人工化学物質が，使用後も分解されずに環境中に蓄積され，それらが生態系にもたらす害を初めて世に訴えた．これが引き金となって，世界中でぞくぞくと農薬使用制限を定めた法律が制定されるようになった．
11) この調査は，1988年2月から6月にかけて行われた．

第10章
持続可能な発展のための教育
― その起源，理念および現状 ―

デビット・ピーティー

はじめに

　地球環境は年々悪化している．森林は減少し，とくに熱帯地域では生物多様性に重大な影響が出ている．河川，湖沼，湿地帯，帯水層が干上がり，世界の多くの場所で慢性的な水不足が引き起こされている．食料生産地は，表土流出，塩害や土壌の酸性化に苦しみ，近い将来，広範囲にわたる飢餓が予測されている．そして，最近しばしば起こるハリケーン，洪水，旱魃といった大規模な自然災害が，地球温暖化と直接関係があると言われている．これらはすべて，大なり小なり，人間の諸活動がもたらした結果であり，絶対に避けられないものではない．だが，残念なことに，各国政府は近視眼的な経済成長に目を奪われがちで，長期的な環境への影響にはほとんど関心を払わない．世界的な景気低迷のため，各国政府は，限りある資源と脆弱な生態系を抱えた現実を前にして，新しい経済モデルを追求するかわりに，われわれに個人的消費を促すのみで，現状をますます悪化させているのだ．

　人々の中には，自由市場がすべての問題に技術的な解決をもたらすと考えている人もいる．石油がなくなる前に水素や他の燃料で走る自動車が製造されることだろう．天然資源が枯渇すれば，産業界はその廃棄物のリサイクルが上手になることだろう．マラリアやデング熱が豊かな国で蔓延すれば，多国籍薬品メーカーは，治療薬を捜しはじめることだろう．しかし，資本主義経済下の自由企業制度では，短期的な利潤だけが重んじられるが，地球環境

の防御と回復には長期的な戦略が必要である．いろいろな調査で明らかにされたところによると，地球温暖化やその他のエコロジカルな災害を予防する方が，起こった後にその始末をするよりも，はるかに安上がりなのである．

政治・経済の政策決定者は，自分たちに政治権力を与え，自分たちの製品を買ってくれる人々が環境について十分な認識に欠けるという理由で，環境を無視し続ける．環境保護グループは，環境意識を高めるため大きな力を尽してきたが，グリーンな政治とグリーンな商慣習が主流を占めるのは，まだまだ先のことである．これに弾みをつけるには，持続可能な発展のための教育がまず必要となる．

持続可能な発展のための教育は，環境教育と開発教育という従来，別々に独立して存在していた2つの教育分野から成り立っている．それぞれの分野が果たした貢献と両者を統合する試みに内在する困難を理解するためには，その背景となる情報が参考となろう．そこで，本稿では，まずその本家とされているイギリスの環境教育と開発教育の起源と基本的な理念を概観し，次にそれらを基に進展した持続可能な発展のための教育の実情を他の国々や日本の状況にも触れながら考察し，その課題を提示してみたい．

1. 環境教育

今日，われわれは地球温暖化の恐怖について多くの読み物を通じて知るようになったが，1世紀以上も前にアレニウスというスウェーデンの学者によって最初にこれが確認されたことを知っている人は意外に少ない．酸性雨については，それ以上の長い歴史がありイギリス最初の大気汚染監督官であったアンガス・スミスは1851年にそれに関する書物を出版している．自然保護活動の歴史は，これよりさらに遡る．インドのラジャスタンの森林を守ることで名が知られたチプコ運動は，1730年に起こっている．この運動はこの種のものとしては最初のものではないだろう．カリコットが指摘するように，環境への関心は前工業社会の文化においてはとくに珍しいことではなか

った[1]．しかしながら，近代の環境保護運動は，おそらくレイチェル・カーソンが農薬の使用を痛烈に批判して1962年に出版した『沈黙の春』がきっかけとなったと言えよう．他の主要な動きとしては，1960年の世界自然保護基金（WWF）の設立と1970年に『エコロジスト』が初めて出版されたことが挙げられる．

　初期の環境教育に携わった人は，1892年にエジンバラでフィールド・スタディーズ・センターを開設したサー・パトリック・ゲッデスと言われている[2]．その後すぐにジョン・ミュアのシエラ・クラブが後にヨセミテ国立公園に指定された地域でネイチャー・ウォークを始めた．ルーラル・スタディーズ（rural studies）の運動は1940年代に起こっている．1968年には，パリのバイオスフィア会議（Biosphere Conference）で国連教育科学文化機関（UNESCO）が，参加したすべての国に環境教育を推進するよう呼びかけた．1972年には環境に関する国連会議がストックホルムで開かれ，若者や大人たちへの環境教育を要請する声明がなされた．この3年後に国連環境計画（UNEP）と国際環境教育計画（IEEP）が設置され，ベオグラード憲章が定められた．ベオグラード憲章のパートCは，環境教育の目標を「環境とそれに関連する問題を認識し関心を持つ人々，現在の問題の解決と新しい問題の防止に向けて個人的にも，また集団的にも努力しそのための知識・技術・心構え・動機を有する人々を世界的に増大させること」[3]と述べている．環境教育に対する関心は，グルジアのツビリシで1997年に開催されたユネスコ第1回環境教育に関する政府間会議で最高潮に達した．ここで次の10年間の環境教育の基礎が形成されたのである．

　環境教育はイギリスで始まったと考えられているが，公式な認知を受けるまでには長い年月を必要とした．ドイツでは1953年に自然保護が科学と地理のカリキュラムの一部となり1973年に独立した科目となったが，イギリスでは1990年代になるまで当時の政治を支配していた保守派によって疑いの目で見られていた．1998年に新しいカリキュラムが導入され，環境教育評議会（Council for Environmental Education）と全国環境教育協会（National

Association for Environmental Education) によるロビー活動で環境教育がカリキュラムから外されるのを土壇場で免れた．その結果，各教科課程にまたがって扱われるべきテーマとして位置づけられた．しかし，公式な認知がないにもかかわらず，環境教育の指導者は環境教育評議会が設置された少なくとも1968年以来，活発な活動を展開してきた．他方，全国環境教育協会は1976年に環境教育の目的を公表し，WWFも1981年に環境教育にかかわるようになった．

環境教育は伝統的に環境についての教育（エンバイロンメンタル・スタディーズ）あるいは環境における教育（フィールド・スタディーズ）という形をとったが，ここ最近10年間はさらに環境のための教育と連動して植林，リサイクル，校庭の植樹，環境評価などの活動を展開している．イギリスにおけるその好例は「木とともに成長しよう」プロジェクトで，子供たちが好きな木を1つ選び，慈しみながら育て，研究し，秋にはその種を集め，最終的に苗木を植えることを奨励するというものである．これまで14万人以上の子供たちがこれを実践した．

もう1つの例は，エコ・スクール・プログラムというもので，それぞれの学校が次の7つの段階を踏んだ一連の活動を実践することで，賞を授与される．その7つの段階とは，①生徒，教師，その他の職員，理事や父兄から成る委員会の設立，②学校が環境に及ぼす影響の検討，③行動計画の立案，④進捗状況の監督と評価および必要な変更の実施，⑤環境問題の学校教育への導入，⑥学校と地域社会へのプログラムの周知，⑦学校の環境政策宣言，エコ・コード（生活環境基準）の制定である．エコ・スクールと認定された学校は，グリーン・フラッグと認定書，さらに文房具にエコ・スクールのロゴを使う権利が与えられる[4]．2000年11月現在，エコ・スクールと認定された学校は，380校である．

その他多くの学校もWWF，ナショナル・トラスト，英国野鳥保護協会，英国動物虐待防止協会，ラーニング・スルー・ランドスケープス，グランドワークなど同様の団体によって開催されたプロジェクトに関係しており，環

境教育はイギリスで盛んな様相を見せている．しかし，ほとんどの活動は環境教育の調査報告[5]や環境教育評議会の教材に関する調査[6]で明らかなように地域の環境に的を絞ったものが多く，持続不可能なライフスタイルが地球に与えた影響に対する認識が比較的少ないように思われる．ただし，例外がないわけではない．1999年の『環境教育』の秋号は，熱帯雨林を勉強しモンテバーデ自然保護連盟のためにコスタ・リカの森林の一角をアメリカと日本のグループと連携して購入する基金集めを開始し，チルドレンズ・イターナル・フォレストという団体を設立したある小学校のクラスについて報告している．

2. 開発教育

金持ちの国々の人々は貧しい国々の抱える問題について理解を深めれば深めるほど，より一層彼らへの援助に協力し，またこうした理解を推し進めるための最良の場は学校である，というイギリス援護局の認識からそもそも開発教育は出発した．1966年には開発教育で知られるオックスファム（Oxfam）が，イギリスで独自の教材開発を始めたが，それは海外開発省が設置されたちょうど2年後のことであった．イギリスの開発教育は1978年まで援護局が資金を提供し続けたが，この年に政府も少ないながら財政的な貢献をするようになった．

開発教育の基本的な理念は，開発と教育についての考え方が変わるたびに，影響を受けてきた．1968年にスウェーデンのウパサラで教会の指導者が会議を開き，発展途上国における貧困撲滅に協力するよう求めた．翌年，レスター・ピアソンが議長を務める政府間機関パネルは，政府開発援助（ODA）を国民総生産（GNP）の少なくとも0.7％にまで引き上げるよう提唱したが，このような数値は主にスカンジナビアのほんの一握りの国々でしか達成されていない．ちなみに1998年の経済協力開発機構（OECD）の平均は0.23％であった．

一方，ウィリー・ブラントが議長を務める国際委員会は開発のあらゆる面を調査し，1980年にはもっと発展途上国に有利になるような世界経済，金融システム，貿易上の取り決めなどの再編を勧告するリポートを発表して論争を巻き起こした．これは開発のための財政増大を勧告したピアソン・リポートを反映したものだが，国際貿易や海外旅行に税を課して，それを資金に充てるべきだとする提案は当時としては大きく時代に先行したものであり，残念ながら今日でもその感を否定しきれない（ちなみに，最近提案された外貨による投機に税を課すとするトビン税や国際線の航空券への課税には，アメリカ政府が猛烈に反対を表明している）．異なった国々はそれぞれ違った方法で発展する必要があり，西洋的な方法は必ずしも最上のモデルではないとするブラントの意見も論争の的となった．またブラント・リポートは，それぞれの国々を「先進」や「発展途上」ないしは「第三世界」と分類するのではなく，その所属を「北」ないしは「南」とした．これはオーストラリアやニュージランドを「北」，モンゴルや北朝鮮を「南」と見なすので多くの地理的例外を生むこととなり，具合の悪い概念と言うべきであろう．

他の関連要素としては，旧ソ連とその衛星国を含む「第二世界」の崩壊，これまでの大規模プロジェクトの恩恵が貧しい人々にはほとんど行き渡らず，小額の信用貸しや他のローカルな活動の方がはるかにコスト的にみて効率がよいとのODA出資者の遅きに失した認識，大きな負債を抱えた貧しい国々からの相次ぐ負債帳消しの要求などがある．今一つの重要な要素は，開発は1人当たりのGNPではなく，寿命，識字率，子供の死亡率，栄養状態や安全な水の確保などの「人間的な指標」によってもっとも良く判断されるという事実を世界銀行およびその他の強力な機関が最終的に受け入れたことが挙げられる．

イギリスの開発教育に携わる者は，上記のような開発の視点の変化のみならず，教育への新しいアプローチにも精通していなければならなかった．この新しいアプローチでは積極的で，しかも相互的な影響力を行使する学習，発見と参加，カリキュラムの相互関連，さらには地球教育のためのその他の

目標と，より良い世界構築に必要な問題解決法や心構えといった知識を越えた技術面も強調されている．

全国開発教育センター協会を受け継いだ開発教育協会（Development Education Association）は，後述する「アジェンダ21」が公表された1年後，1993年に設立された．開発教育の伝統を維持しつつ，開発教育協会は開発教育と環境教育の新しい関係を念頭に置く必要があった．開発教育協会は，開発教育の目的を次のように掲げている．「人々に自分たちの生活と世界中の人々の生活との繋がりを理解させる」，「われわれの生活を形作っている経済的・社会的・環境的影響力について理解を増進させる」，「人々に変化をもたらすために力を合わせ，なおかつ自分たちの生活をコントロールできるような技術・心構え・価値観を醸成させる」，「国々の力と資源がもっと平等に分配されるような，より公平で持続可能な世界の実現に向け努力させる」[7]である．開発教育の重要性は，グローバリゼーションの影響で社会，経済そして文化が不安定になり，金持ちと貧しい者の隔たりが一層大きくなるにつれ，日毎に増していく．

問題点を明確にし読者から適切な反応を引き起こす数多くのすばらしい教材を簡単に教師と生徒も手に入れることができるようになった．公正な貿易の問題への興味と理解を促すために作られたシュミレーション・ゲームや発展途上国の専門家たちが自らの問題にどのように対処しているかを示すケース・スタディーなどもある．イギリスの学校を基準子午線（the zero meridian）上に位置する国々と結ぶオン・ダ・ライン・プロジェクト[8]は，西アフリカの理解に大いに役立った．多くの学校は発展途上地域とコネのある地元の住人を招いて話をしてもらったり，ワン・ワールド・ウィーク[9]やその他の催しに合わせて特別クラスを計画したりしている．環境・運輸・地方局の代表が行なった調査によると，小学校と中学校の82.5％が少なくともいくつかの開発問題を教えているとのことである[10]．国立の学校では，開発問題はカリキュラム上で目立った存在ではなく，開発教育は明らかにもはや危険視されなくなっている．

3. 持続可能な発展のための教育

　長い間，環境研究と開発研究はお互い別々に進行していた．しかし，1980年国際自然保護・天然資源連合（International Union for Conservation of Nature and Natural Resources）は，国連環境計画（UNEP）と世界自然保護基金（WWF）の支持を得てきわめて重要なリポートを発表した．「世界保全戦略」（World Conservation Strategy）と名付けられたこのリポートは，初めて持続可能な発展の概念を紹介し従来の環境政策と開発教育を結びつける運動を開始した[11]．これは1987年にブルントラント・リポートに拡大され，1992年リオデジャネイロで開催された「地球サミット」（Earth Summit）へとつながっていった．ブルントラント・リポートには，次のような理念が掲げられている．「貧困は，環境問題の主要な原因と結果である．……したがって，世界の貧困と国際的な不平等の原因となる要素を包み込むより広い視点を持たずに環境問題に取り組むことは無駄である」[12]．

　1991年，「世界保全戦略」をもとに諸団体が，「地球を世話する」（Caring for the Earth）という新たな戦略を提案した．「地球は有限であり，考えられうる最高のテクノロジーをもってしても，その限界を無限に広げることはできない．この限界の内に住み，いま何も持たない者が，じきに多くを手にできることを理解するためには，2つのことがなされる必要がある．すなわち，人口増加が各地で抑えられ，金持ちが決心を固め，場合によっては，自身の資源の消費を減らす努力をしなければならない」[13]．この提案は，教育の重要性も見逃がさず，次のように述べている．「教育プログラムは，持続可能な生き方の倫理面の重要性を反映し，またそれを普及させるために広範な情報活動が行われることをわれわれは保証する必要がある」．

　1992年6月に世界170カ国以上の代表が，こうした問題を話し合うべくブラジルのリオデジャネイロで開催された国連環境開発会議，いわゆる「地球サミット」に集まった．そこですべての代表者は，持続可能な発展の必要

性に同意し，ほとんどの国はお互いが21世紀において持続可能性を追求する上で指針となる行動計画，「アジェンダ21」に署名した．必要な知識と技術を提供し，適切な価値観と心構えを教え込むという教育の重要性が認識され，このアジェンダの36章では，「教育のすべてのレベルに組み込まれるべき課題」として，環境と開発の統合の必要性が叫ばれた．しかしながら，これはそう簡単なことではないことがわかってきた．これまで見てきたように，開発教育と環境教育はそれぞれ大変異なる実践目標を掲げ，それぞれ独自の長い歴史を持っており，さらに，両者の新しいハイブリッドとして生まれた持続可能な発展のための教育も十分に理解されていないのが現状だからである．

　さて，持続可能な発展は異なった人々によって異なった意味に解釈されている．もっとも普通になされている定義はブルントラント委員会のもので，「未来世代の要求を満たす能力を傷つけずに，現在の要求を満たす」[14] 発展と定義されている．発展途上国の観点からすると，これは適切な栄養，安全な水，住まい，医療それに教育などの基本的な生活に欠くべからざるものを現に欠いている10億人以上の人々に与えることを意味する．しかし，この記念碑的事業も未来の世代の生活がかかっている天然資源を損なうことなく成し遂げられねばならないという要望によって，さらに困難を強いられている．レイドが指摘するように，ブルントラント委員会は開発が「まだ守られたことのない一定の制約の下に進行し，まだ実現したことのないその目標を達成すること」[15] を期待している．途上国の貧困や環境破壊をなくすことは，今日の世界秩序の思い切った改革なしには成し遂げられない．多くの負債を抱えた貧しい国々の借金は帳消しにされねばならないし，公正な貿易関係も達成されねばならない．また，環境，労働，税法に関する政府の政策を支配する多国籍企業の影響力も排除される必要がある．天然資源を長期的に確保するために，金持ちの国々は環境保全対策のための技術的・財政的援助を低所得の国々へ与え，また乏しくなった資源への自身の巨大な欲望も減らさなければならない．

しかし，金持ちの国々の観点からすれば，持続可能な発展はまったく異なった意味を持つ．環境に少しばかり妥協をし，貧しい人々の犠牲の上に成り立つ自分たちの繁栄を保障する現在の世界秩序に何の変化も求めず，ビジネスのさらなる利潤に対する欲求を満足させ，また消費者のモノに対する欲求をも満足させ続けることを意味するのである．開発教育協会ならびに大学教員協会（Association of University Teachers）は，これを受け入れがたいものと見なし，次のように述べている．「持続可能性を論じるなかで社会的公正が曖昧にされる限り，どんな分析や解決策も不完全である．もし一般の人が北の南に及ぼす影響力に対して何の関心を示さないならば，変化を引き起こす動機など生まれるはずがない」[16]．『エコロジスト』の論調はもっと厳しく，持続可能な発展と言っても，それは「昔の開発アジェンダと何ら変わらず破壊的で，人々の権利や暮らしを相変わらず損なっている」[17]と主張した．「われわれの目的は貧困の撲滅である．持続可能な発展は，この目的を支持する手段である」[18]と立派に主張する国際開発局（Department for International Development）でさえ，いまや擁護不可能になった自由貿易や投資に関する概念を世界の貧困を解消する唯一の策と見なし，いまだにそれに固執している．

最大の問題は，さらなる発展がすべての国々にとって適切であるとする仮説に存在する．だが逆に，北アメリカやヨーロッパの多くは「非開発」とトレイナー[19]が呼ぶずっと小さなエコロジカルな痕跡しか残さない産業や消費者活動の段階的縮小を必要としている．さらに，今後のすべての発展が持続可能であることを明確にするだけでは十分ではない．環境にすでに与えられている負荷を取り除き，同時に増大する一方の世界の人口にも便宜を図らなければならない．また，生態学者が痛感しているように，ブルントラントの定義はすべての生き物には人類への価値とは別に生存権があるという見解を完全に無視している．これは持続可能な発展のための教育の主流的な見方である人間中心主義の典型である．

「アジェンダ21」の36章で要請された環境教育と開発教育の統合の結果，持続可能な発展の適切な解釈は，それを教える者にとって重要な問題となっ

た．しかし，持続可能な開発教育パネルが1998年イギリスで結論を出したように，教育者の間では「持続可能な発展は広く理解されていない」．パネルは2つの定義を示したが，いずれも持続可能な発展の標準的な定義には合致しない．われわれはブルントラント委員会のように持続可能な発展を導くような教育と定義することで，この問題を曖昧にすることはできるが，開発教育と環境教育両方の課題を本格的に反映させたいならば，次のような定義が必要となろう．

人間の基本的な欲求は環境を損なうことなく，また天然資源を枯渇させることなくほとんど満たされ得るし，またそうされなければならない．食料，水，住まいや教育のような最低限の必要物を欠く人々の要求は優先されなければならない．これらの要求を叶えることは，おそらく現在の世界秩序に変化を求め，また天然資源の保全もほぼ確実に西洋の消費者のライフスタイルに変化を求めることになる．持続可能な発展のための教育目標は，あらゆる年齢層の人々が現状を理解し，必要な変化をもたらすための知識，技術そして心構えを発展できるようにすることである．

持続可能な開発教育パネルの定義は完全とは言えないまでも，全国カリキュラム改革委員会（National Curriculum Reform Committee）に環境と社会的公正に関する問題をカバーした多くの有益な提言をした[20]．環境問題のほとんどは環境教育の主流となり，もはや議論の余地はないという事実を反映してイングランドとウェールズの新しいカリキュラムに組み込まれた．しかし，新しいカリキュラムは開発教育に携わる人々がこれまで持ち続けてきた懸念を反映してはいない．持続可能な開発教育パネルによって提起された一般教育の成果には11の目標が掲げられているが，その中には「現在と未来のすべての人類に対する配慮および地球的規模の社会的公正」と「なぜ平等と公正が持続可能な社会に必要か」といった正しい認識が含まれている．これらは全国的カリキュラムに付則された目標についての声明にはまったく述べられ

ていない．

　特別教育の成果では，持続可能な開発教育パネルのリポートは，生徒たちが到達する重要段階 3 の終わりまでに「地球規模の社会正義に対する関心度を発達させられなかった」と述べている．全国的カリキュラムには，この目標とそれがどう達成され得るかについては何も述べられていない．教育・雇用省（Department for Education and Employment）は環境教育に関して数多くの印象的な例を紹介しているが，スクール・カリキュラム [21] のグローバルな要素に関する概要に見られる社会的不公正について唯一の言及は，開発教育プロジェクト（Development Education Project）[22] によって組織されたアース・サミット・デイのロール・プレイの記述に窺えるだけである．「開発教育のグリーン化は開発問題の排除につながるのでは」というグラッドストン [23] や他の人々が表明していた懸念は現実のものとなった．

　年配の教師たちの 82.5 ％が地球開発問題を学校で教えたと回答したという前述の持続可能な開発教育パネルの調査結果 [24] には励まされるところがあろう．だが同調査は，回答者の 44 ％が持続可能な発展について実際に耳にしたことがないという事実をも明らかにしている．別の調査によると，未来のためのフォーラム（Forum for the Future）などがどの大学も「教職課程の学生に適切と思われる持続可能性の学習予定をとくに指定したことがない」[25] ことを明らかにしている．この状況はイングランドとウェールズの教職課程が持続可能な発展問題を扱うようになる 2004 年には改善されるはずである．しかし，実用的な教育スキルの重要性が認識されているにもかかわらず，今後，この問題に十分な時間が割り当てられるとは思えない．

　こうした教育は小・中・高等学校や教職課程だけで実践されているのではない．大学も環境学や経済開発といった学位取得のためのコースを長年開講してきた．法律学，経営学，生物工学，工学，衛生学，観光学やその他の分野でも環境を取り扱っており，それを単位として認めることが普通となっている．さらに，高等教育機関も持続可能性の原理を経営方針に組み込みはじめている．1990 年には，タフツ大学のフランスにあるタロイレス・キャン

パスで，地球環境を守るために大学に何ができるかを討議する目的で，大学の学長たちの会合が開かれた．その結果，大学の経営，カリキュラム，研究，コミュニティーにおいて持続可能性と大きく関わることをうたったタロイレス宣言がなされた[26]．1999年現在，世界中でおよそ270の機関がこの宣言に署名している．持続可能な発展のための大学憲章という同じような声明が1993年ヨーロッパ大学協会によって起草され，200以上の機関の代表が署名している．他の多くの大学も持続可能な経営実践を証明するISO14001を認証取得したり，他の方法，すなわち廃棄物とエネルギー検査の導入，環境にやさしい輸送，学生・教職員によるフォーラムの開催，さらに地域および全国の環境団体との連携構築などを通じて，持続可能性の問題に取り組んでいる．

　残念ながら，このような機関はまだ少ないのが現状である．また，持続可能性を推進する現行の努力も2, 3の例外を除いて環境政策に限られており，貧困や負債といった開発問題とはほんの少ししか，あるいは全然と言ってよいほど関わりがない．持続可能な発展を本格的に推進するためには，第三世界の生活水準の向上を狙った技術移転やプロジェクトの分野で，西洋の大学が関与する必要があろう．小額信用貸し制度や米の有機農法の推進などのすばらしい例があるが，発展途上国から北アメリカ，ヨーロッパやオーストラリアへ授業料という形で多額の金が流れるのに比べたら，これらの活動は微々たるものである．

　これまでわれわれはきわめて典型的な西洋の国，イギリスの教育を中心に見てきた．しかし，地球サミットの参加国のほとんどは発展途上国である．これらの国々は，不十分なインフラと資金に喘ぎながらも持続可能な発展のための教育をどのように教育システムの中に導入してきたのだろうか．ある国は新しいカリキュラムと教材を開発するため，西洋の非政府組織（NGO）と力を合わせてきた．たとえば，タンザニアではどの科目でも環境教育を扱うような新しい小学校のカリキュラムの導入を推進するためWWFが教育省，全国環境管理委員会やカリキュラム開発研究所と連携して活動を行って

いる[27]．他には，イギリスや他の西洋諸国と同じようなカリキュラムを全国カリキュラムとして発展させたものがある．

　インドの全国カリキュラムでは，主に科学の授業で環境問題を教えるが，他の教科同様，テストのための暗記が中心なのですぐに忘れられてしまう．しかし，教育当局はアルモラにあるウタラクハンド環境教育センターが開発したユニークな環境教育のようなローカルな活動を奨励している．この団体は，今では500以上の学校で教えられている土地・森林・ローカルな資源の持続可能な管理に焦点を当てたカリキュラムを開発した．教育当局の財政援助でウタラクハンド環境教育センターは教師を養成し，テキストを作り，現職中の実地指導も行っている．村人は自分たちの実用的な知識を学校の生徒と分かち合い，村の生態系管理計画の立案や植林の実践を協力して行うことを奨励されている．同センターはまた，地域住民が運営している数多くの幼稚園や夜間センターにも教育的・財政的援助を行っている．さらに，「村共同の森林や水資源の回復・保護および管理・村の就学前の幼児および未就学児童センターの設立と管理……小規模な商業活動」[28]などに従事する数多くの村の女性グループをも支援している．

　持続可能な発展のための教育に非常に現実的なアプローチで臨んでいる団体には，インドのラジャスタンにあるティロニア・ベアフット・カレッジ[29]もある．これは先見性のある教育家でソーシャルワーカーでもあったバンカー・ロイによって1972年に創設されたソーシャル・ワーク・アンド・リサーチ・センターの1つのプロジェクトであった．このカレッジは生活水準の向上と自給自足の奨励を目指した実践的工学技術，健康管理，動物管理，荒地回復などその他の実用的な技術を貧しい村人に教える一方，言語，算数や社会科といった基礎的な科目も教えている．4つの昼間学校，150の夜間学校および40のディ・ケア・センターでとくに平等，共同社会，環境保全の考え方に重点が置かれている．なかでも平等・共同意志決定・自助・中央集権排除・質素な生活の5つの原則が厳守されている．8学年を終える生徒の多くは2年の教師養成期間を経て，やがて地方の教師となる．他の者は

ティロニアだけでなく，ラジャスタン中の村で太陽エネルギーシステム，ポンプや水道管，持続可能な廃棄物管理システムの建設・管理および修理に従事している．1万5,000人以上の子供たちがベアフット・カレッジで教育を受け，バンカー・ロイの考えに触発された同じような学校でも何千もの子供たちが現在も教育を受けている．

持続可能な発展のための教育へのアプローチの仕方は，そのコンテキストによって違ってくる．インドの村の学校で適切なことが，そのままロンドンや東京都心の学校に必ずしも必要だとは言えない．しかし，アルモラやティロニアの教師から西洋の教師が学べることは多い．おそらく，もっとも重要なことは持続可能性の真の意味であろう．122の国々を持続可能性の観点から比較検討した調査によると，意外にも「地球の友」(Friends of the Earth) はイギリスを最下位近くに位置づけている[30]．アメリカと日本はそれ以下である．もしわれわれが資源を守り環境災害を避けることに真剣に取り組むのであれば，日々のライフスタイルを大幅に変えなければならない．新聞をリサイクルし植林することだけでは，ただ上っ面を撫でているにすぎないのである．

4. 日本の状況

日本の環境教育は，自然教育，自然保護教育，汚染対策教育，環境教育という4つの段階を経た[31]．自然教育は現在，生活環境科目と呼ばれ小学1年生に教えられる．典型的な学校では，子供たちは近所で見つけた植物や生物の観察をする．ある学校では，環境教育は3年生から6年生の間に社会科で教えられている．公式なガイドラインは1992年に出された．学習指導要領は，4年生でゴミ処理，5年生で汚染と森林資源という風に，3つの課題を中心に据えている[32]．これらは地方の問題に限られる傾向がある．たとえば，神戸大学付属小学校の場合，自動販売機について生徒に調査させるために，地方の生協によって開発されたプロジェクトに基づいたプログラムを使

用している．また，いくつかの5年生の社会科の教科書は，熱帯雨林の破壊や酸性雨のような地球問題を紹介している．社会科は中学校まで続き，自然保護と汚染はしばしば扱われるテーマである．しかし，環境教育はカリキュラムの中では分散しており，それにまとまりを与えるのは個人個人の教師に任されている．

　日本開発教育協会が1982年に設立されたが，学校のカリキュラムへの影響力は小さかったように思われる．開発教育は明らかに，家の構造，衣裳，食物や音楽などの比較を特色とする中学校の国際理解教育[33]の中に包摂されている．援助，公正な貿易や負債といった問題は日本開発教育協会の報告から判断する限り，日本のカリキュラムでは取り上げられる余地がなかったように思われる．

　日本の「アジェンダ21」への関わりにもかかわらず，この国の持続可能な発展のための教育は，まだ十分根を下ろしていない．しかし，最近のカリキュラム改革の結果，その機会が到来した．2002年から小学校，中学校，高等学校の生徒は創造力の育成を意図した新しい総合学習を受けることになり，それは全カリキュラムの約10％を占めることになる．小学校では共同社会活動，実習，討論とリポートを行う．中学校では情報とメディア，健康，環境，国際理解，社会福祉のいずれか1つを扱う．高等学校では国際理解，環境問題，社会福祉などの一連のテーマを選んで教えることが求められている．学校はこれらのコースの内容を選ぶ完全な自由を有しているので，創造力と批判力を養うための活動を盛り込んだ12年間にわたる包括的な持続可能な発展のための教育のカリキュラムを導入することが可能である．適切に訓練を受けた教師が刺激的な教材を使えば，こうした授業は，日本における持続可能な発展のための教育の確固たる基盤を構築することができるだろう．

　しかし残念なことに，日本にはそのような授業を教える教師の組織的な養成機関はなく，イギリスやその他の地域の環境教育，開発教育に多大の貢献をしたWWFやオックスファムなどの組織は，それらが政治的問題を扱うが故に学校や教師への接近が許されていない．さらに，高圧的な教科書検定

制度が出版社を改革的な試みから尻込みさせている[34]．せっかく新しいカリキュラムによって21世紀の主要な地球的問題群に対処するための知識・認識・技術を生徒に提供できる機会が，これらの障害によって妨げられるとしたら，それは悲劇と言わざるを得ない．

日本はイギリスから持続可能な発展を全国的カリキュラムに如何に組み込むか，教育を過度に政治化せずにNGOや地方の教育当局，学校などが互いの協力関係を如何に推進させるか，エコ・スクールやオン・ダ・ライン（イギリスのプロジェクトのように南というよりはむしろ西へ流れるだろうが）といった国際的プロジェクトを如何に立ち上げるか，批判的・創造的思考力を如何に教えるか，必要な知識と訓練を如何に教師に授けるかなど実に多くのことを学ぶことができるだろう[35]．

さらに，大学レベルでも改善の余地が多々残されている．2001年に「グリーンに向けて」(Going For Green)というイギリスの団体が，輸送・購入・エネルギー・廃棄・カリキュラムの分野において，大学に持続可能な経営を促すためエコ・キャンパス・アワードという計画を開始した．ほんの一握りの機関だけが持続可能性の問題に取り組み，リサイクルされたコピー用紙を買ったり，食堂から割り箸を一掃するといった簡単な対策しか行っていない日本でも，同様な計画が実施される必要があろう．いまやどの大学も太陽エネルギーや雨水の収集システムを取り入れ，学生や教職員のための環境を意識した輸送手段を確保し，経営学・経済学・科学・工学・農学といった主要科目に持続可能の概念を組み込み，さらに他のアジアの国々における持続可能な発展を援助するための共同プロジェクトを立ち上げるべきである．

日本の製造業者や消費者も地球温暖化現象，森林伐採や有害産業廃棄物などの多くの環境問題に対する大きな責任を負っている．教育を通じて，日本の将来の科学者や技術者は環境にやさしいテクノロジーを開発するための技術や着想を得ることが可能となる．また，教育を通じて，日本の将来の経済学者は，ノーベル賞に値するプロジェクトである持続可能な発展のための新しい経済学を推進させるために必要な知識・技術・認識・創造性を得ること

ができる．さらに，教育を通じて，日本の将来の指導者は，日本の莫大な生態系への好ましからぬ関与を減らすために必要な価値観や考え方を発展させ，生態系に回復する機会を与えることができるだろう．持続可能な発展のための教育は，教育システムのあらゆるレベルで中心的な役割が与えられるべきである．

（及川正博 訳）

注
1) J. B. Callicott, in George Jacobs, *Integrating Environmental Education in Second Language Instruction, Occasional Papers* No. 46, SEAMO Regional Language Centre, Singapore, 1993.
2) Joy Palmer, *Environmental Education in the 21st Century*, London: Routledge, 1998.
3) International Workshop on Environmental Education. UNESCO and UNEP, Belgrade, Yugoslavia, 1975.
4) エコ・スクール・プログラムは 1994 年デンマークで始まった．イギリスでは，ウィガン（イングランド北西部グレイター・マンチェスター州の都市）にある Tidy Britain Group によって管理されている．
5) *Environmental Education,* National Association for Environmental Education, Walsall, UK.
6) 2000 年 5 月 18 日，ロンドンのイギリス連邦会議・イベントセンター（Commonwealth Conference and Events Centre）で開催されたセミナーにおいて環境教育センター（The Centre for Environmental Education）が発表した "An overview of resources 1990 -1999" による．
7) *The Case for Development Education*, Development Education Association, 1996.
8) On the Line: a project involving Channel 4 Television, Oxfam, WWF and VSO.
9) One World Week は 1978 年にイギリスの一連の教会グループによって行われたキャンペーン活動．1 年に 1 週間，ローカルおよびグローバルなコミュニティー双方を発展させる運動を推し進めるための会合やイベントを開催する．日本で最初のワン・ワールド・ウィークのイベントは，1996 年に行われた．
10) *Sustainable Development Education Surveys,* Department of the Environment, Transport and the Regions, UK, 1999.
11) *World Conservation Strategy: Living Resource Conservation for Sustainable Development,* The International Union for Conservation of Nature and Natural Resources, the United Nations Environment Program and the World Wildlife Fund, Gland, Switzerland.
12) *Our Common Future,* The World Commission on Environment and Development,

Oxford University Press, 1987: 3.
13) *Caring for the Earth: a Strategy for Sustainable Living,* The International Union for Conservation of Nature and Natural Resources, the United Nations Environment Program and the World Wildlife Fund, Gland, Switzerland, 1991.
14) 注12を参照.
15) David Reid, *Sustainable Development,* London: Earthscan, 1995.
16) *Globalisation and Higher Education.* Development Education Association/Association of University Teachers, UK: College Hill Press Ltd., 1999.
17) *Whose Common Future?* London: The Ecologist/Earthscan, 1993.
18) *Eliminating World Poverty: A Challenge for the 21st Century,* Department for International Development, UK, 1997.
19) Ted Trainer, *Developed To Death,* London: GreenPrint, 1994.
20) *1st Annual Report of the Sustainable Development Education Panel,* Department of the Environment, Transport and the Regions, 1998.
21) *Developing a Global Dimension in the School Curriculum,* Department for Education and Employment, UK, 2000.
22) The Development Education Project, Birmingham.
23) Francis Gladstone, *Towards a Plentiful Planet,* CAFOD, Christian Aid, Oxfam, Save the Children Fund, 1989.
24) 注10を参照.
25) Sustainable Development Education: Teacher Education Specification, Forum for the Future, DEA, CEE, WWF, RSPB, DETR, March 1999.
26) The Talloires Declaration, in Sarah Hammond Creighton, *Greening the Ivory Tower,* Cambridge, Massachusetts: The MIT Press, 1998. University Leaders for a Sustainable Future. ULSF@aol.com からも他の情報を得ることができる.
27) *Curriculum Vitae,* WWF UK Education, 1997.
28) *Uttarakhand Seva Nidhi Paryavaran Shiksha Sansthan,* Uttarakhand Environmental Education Centre, Almora, Uttaranchal, India, 2000.
29) Catherine O'Brien, *The Barefoot College....or Knowledge Demystified.* UNESCO, 1996. Barefoot College, Tilonia, Rajasthan, India. http://www.barefootcollege.org からも他の情報を得ることができる.
30) "Keeping Score," in *The Ecologist,* Vol. 31, No. 3, UK, April 2001.
31) Masahito Yoshida, "The present status of environmental education in Japan," in *Ecology in Education,* ed. Monica Hale, Cambridge University Press, 1993.
32) Eiji Yamane, "Curriculum for Economic Education in Japan," in *Children's Social and Economics Education,* Vol. 1, No. 1, 1996.
33) *Local Initiatives for Global Change,* in *International Forum on Development Education: Proceedings,* Yokohama Women's Forum, January 1993.

34) つい最近，教科書検定委員会は，原子力と地球温暖化に関する批判的な議論を拒否したが，これは，この国で持続可能な発展のための教育が実現される前に克服されねばならない障害の如実な例である．
35) Strathclyde University の Jordanhill キャンパスは，その良いモデルである．

第 11 章
気候変動防止のための国際制度の形成

大 島 堅 一

はじめに

　1990年代以降，地球規模の環境問題が国際的重要課題の1つに位置づけられるようになった．なかでも気候変動問題は，人類社会が活動の前提としてきた気候系の大変動が予想されるだけに，最重要課題とされるようになった．この10年の間に環境ホルモンやダイオキシン，廃棄物など環境をめぐってさまざまな問題が登場したが，気候変動問題は，常に時代の底流をなしてきたといってよいだろう．

　1990年から開始された気候変動をめぐる国際交渉は，気候変動枠組み条約の成立・発効，京都議定書の成立を経て，2001年11月の第7回締約国会議（以下，締約国会議を COP と略称する）で合意されたマラケシュ・アコードにおいてこれまで懸案となっていた主要論点について解決がみられた．気候変動問題の主要原因物質である CO_2 は，大量に吸収・除去することが困難であるがゆえに，基本的にはエネルギー消費量の抑制や削減によってしか減らすことができない．つまり，これまでの環境・公害対策で主流であった末端処理（エンド・オブ・パイプ）型の技術では対処することができないという特徴を持っている．それゆえ，産業部門における工程そのもの，さらに産業のあり方，消費のあり方といった経済社会全般の仕組みを根本的に変革することが要請されている．その意味で，過去10余年にわたる国際交渉の結果，気候変動枠組み条約，京都議定書，マラケシュ・アコードという形で

次々に具体化された政策枠組みは，少なくとも 21 世紀前半の経済社会を基本的に規定していくこととなるだろう．

本章では，これまで長きにわたって精力的に行われてきた気候変動問題に関する国際交渉を概括し，2000 ～ 2001 年にかけて開かれた COP6，COP6 再開会合，COP7 の位置づけを明らかにしたうえで，マラケシュ・アコードに含まれる京都議定書の詳細運用ルールのうち，途上国への資金供与メカニズムと京都メカニズムの運用ルールに焦点を当て，気候変動問題に国際的に対処するために設計された国際的政策システムの内容を分析することとする．

1. 気候変動問題をめぐる国際交渉の時期区分

気候変動問題は，CO_2 をはじめとする各種の原因物質の集積によって発生する汚染問題として位置づけられる．そのため，他の汚染問題と同様，その解決にあたっては，汚染物質の確定と削減目標の設定をまず行い，次に汚染物質削減の方法の設定を行うことが課題となる．事実，気候変動問題をめぐる国際交渉もそのような順番で交渉がなされていった．ただし気候変動問題は，一定の限られた国だけで対策をとれば解決するという類の問題ではなく，地球上に存在するあらゆる国・地域で対策が講じられる必要がある．そのため，気候変動問題をめぐる国際交渉は，まずはすべての国々が国際的枠組みに参加するための土台づくりから始まった．

気候変動問題をめぐる国際交渉の流れは大きく分けて 3 つに区分される．第 1 期は，地球上のほぼすべての国が参加できる土台を作り，第 2 期は規制対象物質の特定と削減数値目標の設定，第 3 期は国際的に目標を達成していくうえでの運用ルールの設定がなされていったと理解することができる．

2. 気候変動交渉の開始から COP3 へ

第 1 期は 1990 ～ 94 年である．この時期は，1980 年代後半以降アメリカ

で発生した異常干ばつと各国で頻発した異常気象の原因が温暖化にあるのではないかと考えられるに至ったことを受け，気候変動問題に関する科学的知見の集大成を目的に設置されたIPCC（気候変動に関する政府間パネル）が1990年に第1次評価報告書を公表したことで始まる．この報告書はきわめて重大な衝撃を国際社会に与えた．

　IPCC第1次評価報告書の主な内容は，温暖化現象がすでに起こっていること，さらに，1990年水準の温室効果ガス濃度に安定化させるためには直ちに60%以上の温室効果ガス削減が必要であるとしたことである．言い換えれば，温暖化はもはや避けることができず，温暖化防止を放棄した場合でも，人類社会が気候変動の影響を少なくするためには緊急に具体的な対策が必要である．この衝撃的な内容を含む報告書により，温暖化とそれに起因する気候変動問題は，人類が共通して取り組むべき課題として1990年代以降国際舞台に登場した．

　こうして国際社会は気候変動問題に対処するための枠組みづくりを開始した．具体的には，1991年初頭から開催された気候変動枠組み条約政府間交渉会議（INC: Intergovernmental Negotiating Committee for a Framework Convention on Climate Change）において条約の成立に向けた国際交渉が開始された．この成果は，地球サミット開催1カ月前の1992年5月に気候変動枠組み条約（UNFCCC: United Nations Framework Convention on Climate Change）が成立したことで結実した．その後，1992年6月の地球サミットにおいて条約の署名が開始され，1993年12月21日に批准した国が50カ国を超えて発効し，1995年3月にベルリンで開催されるCOP1を迎えることとなった．

　各国の経済社会のあり方を基本的に規定する国際条約が，1年半に満たないきわめて短期間に成立したことは奇跡的なことと言ってもよい．第1期の気候変動交渉は，気候変動枠組み条約を成立したこと自体に大きな意味があったと言えるだろう．こうして，ほぼすべての国が参加する大規模環境条約が作られたことにより，国際的な対策の大きな枠組みが設定された．

　続く第2期は1995～97年の時期である．この期間は，気候変動枠組み

条約のもとで具体的に温室効果ガス排出削減を行っていくにあたっての数値目標について議論がなされ，京都議定書を生み出した時期である．気候変動枠組み条約は，きわめて短期間に結ばれたこと自体は大きな意味を持っていたが，反面，大多数の国が参加することを可能とすることを目的としていたために，削減数値目標や政策と措置についてはほとんど決められていなかったという限界をもっていた．温室効果ガス排出削減目標に関しては，唯一，「二酸化炭素その他の温室効果ガス（モントリオール議定書によって規制されているものを除く）の人為的な排出量を1990年代の終わりまでに従前の水準に戻す」（条約第4条2項（a））ことが必要であると認識するとしているだけであった．これは，事実上，義務を伴わない努力目標としての位置づけしか持たないものといってよい．気候変動枠組み条約は，大多数の国を結集させるという点では優れていたが，反面，それがゆえに，具体的な目標数値や施策については実に不十分な内容だったのである．

　COP1においては，まず，気候変動枠組み条約に記された先進国の約束が条約の究極の目的，「気候系に対して危険な人為的干渉を及ぼすこととならない水準において大気中の温室効果ガスの濃度を安定化させること」（条約第2条）に照らして不十分であることが確認された．この認識のうえに，温室効果ガス排出削減抑制目標を設定するためのプロセスを開始し，COP3までに合意に至ることを主内容とするベルリン・マンデート（Berlin Mandate）が結ばれた．こうして具体的な排出削減数値目標を新たに決めることが合意されるとともに，目標設定にあたっての期限が設けられた．COP1においては条約の原則に則り，途上国に対して新たな義務を課さないことも確認されている．

　COP1の次の年にスイス・ジュネーブで開催されたCOP2では「ジュネーブ大臣宣言」において，COP3で定められる数量目標が法的拘束力を持つものであることが確認された．この時期の交渉の争点は，政策と措置（PAMs: Policies and Measures）に関するものもあったが，やはり中心は，「何を，何年を基準年にして，何年までに，何%削減するか」という数量目標に関するも

のに絞られていた.

　こうして,1997年暮れに激しい交渉の末結ばれたのが京都議定書(Kyoto Protocol)である.京都議定書は,規制対象物質をCO_2,CH_4,N_2O,HFC,PFC,SF_6の6ガスと定め(6ガス・バスケット方式),先進諸国全体で少なくとも5％を削減することが先進国の約束であるとしている.具体的な削減数値目標はEU8％,アメリカ7％,日本6％と差異化されたほか,オーストラリアのように排出増大を認められた国もあった.目標設定が差異化されるにあたっては科学的根拠はなく,もっぱら政治的な妥協の産物であった.とくに,1990年以降大幅に排出量が減少している旧ソ連東欧諸国の削減目標が0％とされたことは,政治的な意味合いが強かった.

　以上の数値目標に加え,京都議定書では削減数値目標を満たすための各種の国際的政策枠組みを定めている.具体的には共同実施(JI: Joint Implementation),排出量取引(ET: Emission Trading),クリーン開発メカニズム(CDM: Clean Development Mechanism)である.これらの3つの施策は,以後,京都メカニズムと総称されることとなった.またさらに京都議定書には,途上国に対する資金と技術の移転,約束を達成できなかった場合に必要な不遵守の規定,森林等の吸収源の扱い(議定書3条3項,3条4項)などが含まれていた.

　京都議定書は,さまざまな政策枠組みに関する詳細な運用ルールについて,その定義も含めてほとんど具体的には規定していなかった.そのため,これらの具体的な規定をめぐって,COP3以降の国際交渉が続けられていくこととなった.

3. COP3からCOP6まで

(1) COP6の位置づけ

　第3期はCOP3終了以後の1998年からCOP7が開催されマラケシュ・アコードが合意される2001年までの時期である.この時期は,京都議定書に

定められた京都メカニズム，遵守，吸収源の取扱いについての詳細な運用ルールをめぐって国際的な交渉が積み重ねられた．

まず，1998 年に開催された COP4 では，COP6 までに合意されるべき項目をまとめたブエノスアイレス行動計画が定められた．具体的には，①資金供与メカニズム（Decision 2/CP.4 および 3/CP.4），②技術開発と技術移転（Decision 4/CP.4），③条約第 4 条 8 項，9 項の実施（Decision 5/CP.4），④試験段階の共同実施活動（Decision 7/CP.4），⑤メカニズムに関する作業計画（Decision 7/CP.4），⑥遵守に関する事項および政策と措置に関する作業を含む COP/MOP[1] の準備（Decision 8/CP.4）についての事項である．

ブエノスアイレス行動計画では，2000 年にオランダ・ハーグで開かれる COP6 において京都議定書の運用ルールについて定めることとなっていた．しかし，COP6 では最終的に国際社会は合意に至ることに結果的に失敗した．この時期の交渉は，京都議定書で示された削減目標が温暖化防止の観点からみて実質的なものとなるかならないかが決まるものであっただけに，とくに，COP6，COP6 再開会合，COP7 と続く国際交渉は気候変動交渉史上，きわめて激しいものとなった．

ブエノスアイレス行動計画では COP6 までに交渉を終えるとされていたにもかかわらず，COP6 において交渉がまとまらなかった主な原因は，アメリカ，日本，カナダ，オーストラリア，ロシアなどのアンブレラグループとよばれる国々と EU・途上国との間で意見の対立が激しかったことにある．交渉が難航した最大の争点は，森林などの吸収源に関する論点だった．

なかでも，議定書第 3 条 4 項で定められた農業土壌および土地利用変化，林業分野における追加的な人為的活動を第 1 約束期間（2008～12 年）にカウントすることが認められるかどうか，さらにカウントするとすれば，どのような制限を設けるのか（アカウンティング），吸収源を CDM 事業として認めるかどうかという点はきわめて大きな争点となった．

第 11 章　気候変動防止のための国際制度の形成

(2) COP6 の争点

議定書第3条4項では,第3条3項に追加的な人為的活動は「1990年以降の活動」に限るとしている.つまり,第3条4項に基づくならば,植林,再植林,森林減少を除く活動の吸収量総量から,1990年以前に行われた活動の結果もたらされる吸収量と自然の吸収量を除外する必要がある.しかし,これらの活動を分離してカウントするには科学的に大きな困難が伴い,「現在のところ,追加性を分離できる標準的手法はない」[2]とされている.

こうした科学的不確実性が存在しているため,COP6では,EU,AOSIS(小島嶼国連合),中国,ノルウェー,ペルー,マレーシア等,多くの国が第1約束期間においては第3条4項の活動を吸収量として扱うことに反対した.また,仮に吸収量としてカウントするとしても,そこで得られる吸収量に大幅な制限を加えるべきだと主張した.日本をはじめとして,カナダ,ロシアは,ハーグ会議以前から制限しないオプションも検討すべきであるとの主張を行っていた.COP6期間中の2000年11月14日には,日本は,アメリカ,カナダとともに第3条4項を第1約束期間から吸収源としてカウントする提案(日米加シンク提案)を行った.

このいわゆる日米加シンク提案は,森林管理について,まず第1段階として一定量までは無条件で吸収量を全量認め,第2段階では,その一定量以上についてはある割引率を設定したうえで吸収量を認め,第3段階では,「閾値」以上の分については再び全量吸収量をカウントするというものであった.森林管理以外の植生回復,耕作地管理,牧草地管理などはすべて吸収量をカウントする[3].この提案には,吸収量に制限を与えるためとの目的が記されているが,日米加シンク提案に示された具体的な数値例を当てはめて計算すると,アメリカ,ロシアといった広大な国土をもつ国を除いて吸収量を制限するものとはならない.

プロンクCOP6議長がCOP6期間中にまとめた妥協案では,第3条4項の追加的活動(牧草地管理,森林管理,植生回復)を第1約束期間にカウントすることを認める一方で,第3条4項によるクレジットに1990年排出水準の

3％の制限を設けるとされた．具体的には次のようにカウントする．すなわち，まず3％の制限を設けたうえで，森林蓄積が増加しているにもかかわらず第3条3項で純排出となる締約国については3,000万CO_2トンを上限に吸収量を割り引かない．他方，第3条3項で純排出とならない締約国については，牧草地管理，耕作地管理で30％，森林管理で85％，吸収量を割り引く．

この規定により，認められる吸収量は，日米加シンク提案よりも大幅に少なくなった．とりわけ，シンクに莫大な吸収量を見込んでいた日本の場合は1990年排出水準の0.6％にすぎないものとなった．この数値は，当時の日本政府の交渉ポジションとはまったく相容れないものであった[4]．

このプロンク議長案に対し，会議最終局面において，日本，アメリカ，カナダは，耕作地管理，牧草地管理，植生回復については吸収量を割り引かず全量カウントすること，森林管理について3つのインターバルをもつ割引を適用するという修正案を提出した．日米加修正提案に基づくと，日本の吸収量は3.5％と日本政府の当初の見込みに近づき，アメリカも5.4％，カナダも6.3％と吸収量を大きく増やしてカウントできる．これに対しEUは，全体の上限を0.5％，森林管理の割引率を大幅に増やして97％とする修正案を提出した．EUと日米加の修正提案は真っ向から対立しCOP6での合意は困難になった．

こうした状況の下，会期を1日延長した末の最終日の午前，アメリカとイギリスとの間で第3条4項についての合意（US-UK deal）が取り交わされ，EU内でこの合意について協議が行われたといわれている．US-UK dealは，第3条4項の追加的活動について，アメリカは5,000万〜1億炭素トン，日本・カナダについては1,500万炭素トンの制限を設けるということを主内容とするものである．これは日米加とEUの間をとった妥協案のようにはみえるが，実際には8,000万〜1億3,000万炭素トンという吸収量は1990年排出水準の4％以上に匹敵するものである．そのためEUは最終的にUS-UK dealに基づき合意することを拒絶した．このことがハーグ会議での合意が至らな

かった基本的な要因となったが，吸収源の扱いのみで排出削減目標の約8割を満たしてしまう内容を含むUS-UK dealに合意しなかったEUの判断は適切なものであったと言えるだろう[5]．

COP6での吸収源の取扱いについてのもう1つの大きな争点は，CDM事業に吸収源を認めるかどうかというものである．CDM事業で吸収源が認められれば，ホスト国（途上国）における植林事業での吸収量が水増ししてカウントされたり，別の地域で伐採が行われていたとしても排出とはカウントされなかったり，天然林を伐採した後に植林した場合も伐採行為は排出とカウントされなかったりするのではないかという懸念がある．そうなれば，CDM事業のホスト国（途上国）からより多くの削減クレジットを獲得できることとなり，京都議定書の抜け穴はさらに大きなものになる．アメリカ，オーストラリア，南米諸国（ブラジルを除く）はCDM吸収源を認める案を支持し，EU，ツバル，サモアなどは認めない案を支持していた．

プロンク議長案では，植林，再植林についてはCDM事業に含め，森林減少および土地劣化を防止する活動はCDMから除くこととしていた．EUは，この提案に対し，少なくとも第1約束期間においてはCDM事業として適格でないという修正案を提出している．日本・米国・カナダは，植林，再植林に加えて，土壌管理，土地劣化の防止，森林減少の防止を含めるとする修正案を提出し，CDM事業において吸収源を大幅に認めるよう主張していた．

4. COP6再開会合

(1) アメリカ・ブッシュ政権の京都議定書離脱

これまで述べてきたように，COP6は，気候変動問題に対処するための国際的合意が得られることはなく最終的に決裂した．10年にわたって積み上げてきた交渉がすべて無駄になり，もはや合意に至らないのではないかという状態に陥ったと言ってもよいだろう．これに加えて，2001年7月に開催されたCOP6再開会合に至るまでに，この困難をより深刻なものにする国際

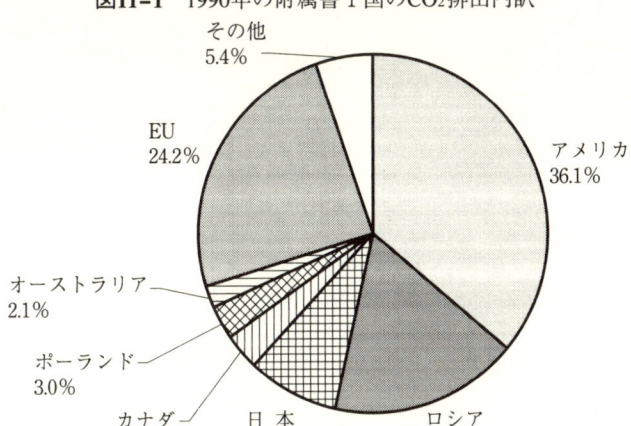

図11-1 1990年の附属書Ⅰ国のCO₂排出内訳

その他 5.4%
EU 24.2%
オーストラリア 2.1%
ポーランド 3.0%
カナダ 3.3%
日本 8.5%
ロシア 17.4%
アメリカ 36.1%

出所：FCCC/CP/1997/7/Add.1, p.60より作成.

的出来事が起こった．最大の CO_2 排出国であるアメリカが京都議定書の枠組みから離脱する意思を表明したのである．

この動きは次の2つの意味を持つものと言うことができる．

第1に，最大の排出国であるアメリカが排出削減義務を負わないと表明したことによる環境への影響である．全世界の4分の1，附属書Ⅰ国（先進国）の36.1％の CO_2 を排出するアメリカが温暖化対策をとらなければ，EU等の他の先進国が削減したとしてもその効力が減じられてしまうことになる．

第2に京都議定書発効に対する影響である．京都議定書が効力を持つためには，①55カ国以上の国が批准すること，②批准した附属書Ⅰ国の1990年の二酸化炭素排出量総計が全附属書Ⅰ国の排出量の55％以上であることが必要である．図11-1にみられるように，アメリカの1990年の排出量は附属書Ⅰ国の36.1％にのぼる．COP6までアメリカに同調してきた国々がアメリカと同様の歩調をとれば，京都議定書は発効せず，1990年以降10年にわたって積み重ねられてきた議論が水泡に帰すこととなる．このことは，結果的に日本の国際的位置づけをきわめて大きなものにした．京都議定書を発効

第11章　気候変動防止のための国際制度の形成　　237

表 11-1 プロンク議長の各提案と包括合意文書によるシンク吸収量

(1990 年排出量比)

提案の日付	2000.11.23	2001.4.9	2001.6.11	ボン合意
日本	0.6%	0.6%	3.0%	4.9%
カナダ	0.4%	3.0%	3.0%	11.2%
アメリカ	2.6%	3.2%	3.2%	(3.3%)
先進国全体	1.6%	2.1%	2.3%	3.3%

出所：CASA 「包括合意文書の内容と評価（暫定版）」．
http://www.netplus.ne.jp/~casa/paper/FCCC-CP-2001-L7tnt.pdf

させるためには，8.5 % を排出する日本の意志が決定的なものとなるからである．

(2) COP6 再開会合

COP6 が失敗し，その後のアメリカ・ブッシュ政権の京都議定書離脱があり，気候変動問題はかつてない危機的状況を迎えることとなった．2001 年 7 月にドイツ・ボンで開催された COP6 再開会合は，それゆえ，これまでの気候変動交渉のなかでももっとも重要な会議となった．アメリカが，モロッコ・マラケシュで開催される COP7 前後に，京都議定書にかわる新たな枠組みを提示することを発表していたため，COP6 再開会合は日本を京都議定書の枠組みに留まらせるための最後の機会ともみられていた．

こうした事情があったため，COP6 再開会合開催前から日本政府はアメリカ・ブッシュ政権の京都議定書離脱の動きに乗ずる形で，EU から大きな譲歩を引き出すことに成功した．事実，表 11-1 にみられるように，アメリカの京都議定書離脱から COP6 再開会合の間の 6 月 11 日に修正提案されたプロンク COP6 議長提案には，COP6 において交渉が決裂した最大の問題であったシンクの吸収量について，日本に対し 3.0 % まで認めるという大幅な譲歩が含まれていた．この経緯は，もはや相互の利害の調整に基づく同等の立場での交渉というよりは，日本が自国の利益だけを考えて要求をごり押しし，その要求を EU が丸飲みしていくといったものであった．日本はアメリカの

議定書離脱の動きを利用する形で，当初の交渉ポジションをほとんど変更することなく，自国の要求を実現することができたといえる．

5. ボン合意の概要

ボン合意（Bonn Agreement, FCCC/CP/2001/L.7）は，COP6 再開会合会期中の 2001 年 7 月 23 日に，途上国問題，吸収源，京都メカニズム，遵守問題など，これまで京都議定書をめぐる国際交渉でもっとも困難とされてきた論点についての包括的合意文書である．このボン合意は，アメリカが京都議定書からの離脱表明を行い，京都議定書が死文化する危機が訪れたなかで，国際社会が瀬戸際で交わした合意文書であり，気候変動問題に対処するうえできわめて大きな意味を持つ．

ボン合意は，具体的には次の 7 項目からなるものである．①気候変動枠組み条約下の資金供与，②京都議定書下の資金供与，③技術開発および技術移転，④条約第 4 条 8 項，9 項の実施（Decision 3/CP.3 および京都議定書第 2 条 3 項，第 3 条 14 項の実施），⑤京都議定書第 3 条 14 項に関する事項，⑥京都議定書第 6, 12, 17 条によるメカニズム，⑦土地利用，土地利用変化および林業，⑧京都議定書下の遵守に関する手続きおよびメカニズム．このうち，①〜⑤は途上国に関する事項，⑥は，クリーン開発メカニズム，排出量取引，共同実施からなるいわゆる京都メカニズムに関する事項，⑦は吸収源，⑧は遵守に関する事項である．うち，①，②により気候変動問題に関連して 3 つの基金が設立され，④により京都メカニズムをめぐる重要論点に決着がつけられた．これにより，気候変動問題は 3 つの基金，3 つのメカニズムを通じて国際的な措置がとられることとなったのである．

6. 途上国への資金供与メカニズム

(1) 3つの基金

　ボン合意附属書Ⅰ，Ⅱにより，気候変動問題に関して3つの国際的基金が設立されることとなった．附属書Ⅰでは，気候変動枠組み条約の関連規定，第4条1項，第4条3～11項，Decision 11/CP.1, Decision 15/CP.5 に関連して，新規かつ追加的な資金供与メカニズムとして気候変動特別基金（Special climate change fund）と後発発展途上国基金（a least developed countries fund）の設立が合意されている．附属書Ⅱでは，京都議定書第10, 11条，第12条8項，Decision 11/CP.1, Decision 15/CP.1 に関連して京都議定書適応基金（The Kyoto Protocol adaptation fund）の設立が定められている．

　このことにより，先進国から途上国への資金移転は，気候変動枠組み条約に基づく2つの基金と京都議定書に基づく1つの基金を通して行われることとなった．従来，途上国への資金移転の問題は，気候変動枠組み条約と京都議定書上の規定で混同して論じられることが多かったが，アメリカが京都議定書から離脱したことにより，かえって条約下での基金と議定書下の基金の役割分担が明確になったものといえる．ただし，基金以外の資金供与，つまり2国間および多国間の資金供与は排除されるものではなく，むしろ先進国に対しては基金以外の資金移転についても求められている（表11-2参照）．

　気候変動基金は，①適応，②技術移転，③エネルギー・運輸・農業・林業・廃棄物管理，④第4条8項（h）のもとで定められる発展途上国の経済の多様化のための支援事業に主に資金供与するためのメカニズムである．このうち「適応」とは，気候変動によって起こる気象災害やその他の悪影響に発展途上国が適応していくための諸活動を意味する．また「経済の多様化」とは，主に産油国の要求を一定程度含んだもので，気候変動問題に対応することで石油などの化石燃料消費が減少し，そのことによって生じる経済的負

表11-2 ボン合意による資金供給メカニズム

1. 基金

	基金の名称	資金源	基金の運営	資金供与の対象
条約に基づく基金	気候変動特別基金	附属書Ⅱ国の貢献 その他の附属書Ⅰ国の貢献	締約国会議の指導の下,条約の資金供与メカニズムを運営する主体(GEF)が運営	適応 技術移転 エネルギー・運輸・鉱業・農業・林業・廃棄物管理 経済多様化 気候変動の悪影響
	後発発展途上国基金	記述無し	締約国会議の指導の下,条約の資金供与メカニズムを運営する主体(GEF)が運営	作業計画 国家適応行動計画
議定書に基づく基金	京都議定書適応基金	CDMの収益分担金(認証排出削減量の2%) 京都議定書を批准する意志のある附属書Ⅰ締約国の追加的拠出(毎年報告)	COP/MOPの指導の下,条約の資金供与メカニズムを運営する主体(GEF) 議定書発行前はCOPの指導を受ける	議定書の発展途上締約国における適応事業と適応計画

2. その他

	資金移転手段	対象事業	備考
条約に基づく手段	GEF増資	対応措置の実施の影響	
	二国間および多国間の資金源	気候変動の悪影響 対応措置の実施の影響	
議定書に基づく手段	クリーン開発メカニズム	ホスト国の持続可能な発展に寄与する事業 (小規模事業活動については簡素化した方法と手続きをとる) (第1約束期間については植林・再植林・林業については適格) (原子力施設は除外)	公的資金の供与についてはODAの流用としてはならない (将来のLULUCFの取扱は第2約束期間に関する交渉で決定)
	保険関連措置	気候変動の悪影響 対応装置の実施の影響	保険関連措置についてはワークショップとCOP8において検討

担を軽減するために，石油に過度に依存した経済をより複雑な経済に移行させることを意味するものである．この気候変動基金の資金源は，附属書II締約国およびその他の附属書I締約国による貢献とされている．

　基金の運営は，条約の資金メカニズムを運営する主体によって行われ，この運営は締約国会議の指導下で行われるものとされている．現在，条約の資金メカニズムを運営しているのはGEF（地球環境ファシリティー）であるので，この主体はGEFのことである．

　次に，後発途上国基金は，後発発展途上国の作業計画を支援する活動のための資金供与メカニズムである．この作業計画には，とくに国家適応行動計画が含まれるものとされている．基金の運営は，気候変動基金同様，締約国会議の指導下で条約の資金メカニズムを運営する主体，つまりGEFによって行われるものとされている．基金の資金源については，ボン合意には記述されていないが，Decision-/CP.6（FCCC/CP/2001/L.14）にはカナダがこの基金を早急に設立するために1,000万カナダドル提供する意志があることが記述されている．

　京都議定書に基づく基金として設立される適応基金は，議定書締約国となった発展途上締約国の適応事業および計画に資金供与することを目的としている．資金源は，クリーン開発メカニズムの事業活動に課せられる収益分担金（the share of proceeds）である．また，京都議定書に批准する意志を持つ附属書I締約国による資金拠出も要請されている．この資金拠出は，収益分担金に対して追加的とされ，毎年基金への拠出状況を報告することになっている．

　適応基金の運営と管理は，議定書の締約国会合（COP/MOP）の指導の下，条約の資金供与メカニズムを運営する主体，つまりGEFによってなされることとなっている．京都議定書発行前はCOPの指導に基づく．

　なお，3つの基金の資金源について，ボン合意を法的文書にしたDraft Decision-/CP.6（FCCC/CP/2001/L.14）では，EU，カナダ，アイスランド，ノルウェー，スイスが2005年までに毎年合計4億5,000万ユーロ／4億1,000万

米ドルの貢献をする用意があるという共同政治宣言が盛り込まれている．COP6 で提示されたプロンク議長ノートでは，基金に加えて，2005 年までに追加的資金源を附属書Ⅰ締約国全体で年間 10 億米ドル用意すること，2005 年までにその額に達しない場合は共同実施・排出量取引に課徴金を課すこと等が示されていたことからすれば，基金の目的や対象事業に照らして，この額が十分かどうか，また不足した場合にどのような措置がとられるのかについては議論の余地がある．

(2) その他の資金供与メカニズム

ボン合意およびボン合意に基づく決定草案（FCCC/CP/2001/L.12, L.14, L.15）では，3 つの基金とは別に先進国から途上国への資金供与に関していくつかの手段について規定されている．それは，GEF 増資の増加分，二国間および多国間支援，保険関連措置，クリーン開発メカニズムである．

GEF 増資の増加分と 2 国間および多国間の資金源については，条約の下での資金供与（FCCC/CP/2001/L.14 para. 1）に位置づけられている．また，GEF の対象事業は，条約第 4 条 8 項，9 項における対応措置の実施の影響に関する項目の中で指定されている（FCCC/CP/2001/L.12 para. 23, 26-33）．2 国間および多国間支援の対象事業については条約第 4 条 8 項，9 項における気候変動の悪影響に関する資金供与（FCCC/CP/2001/L.12 para. 8）および対応措置の実施の影響に関する資金供与として位置づけられている（FCCC/CP/2001/L.12 para. 23, 26-33）．

保険関連措置については，従来の国際交渉では論点となっていなかったが，ここで初めて取り扱われることとなった．これは，対応措置の実施の影響に対応するものとして位置づけられているが，他方で気候変動の悪影響から生ずる特有のニーズと関連事項をみたすものともされている（FCCC/CP/2001/L.12 para. 34）．なお保険関連措置については，COP8 前に開かれるワークショップで検討され，ワークショップの結果が COP8 で報告される予定である（FCCC/CP/2001/L.12 para. 38）．またこのワークショップの前に，気候変動およ

び大規模気象現象に関連した保険およびリスク評価についてのワークショップが開催されることとされている（FCCC/CP/2001/L.12 para. 39）．気候変動問題に関連するリスク評価およびそのリスクを分散させるための保険システムが具体的に検討の遡上に上ったことは注目に値するといえるだろう．

7. 京都メカニズムに関する争点

京都メカニズムに関しては，国内対策に対する補完性（supplementarity），認証排出削減量（CER），排出削減単位（ERU），割当量単位（AAU）の互換性（fungibility），JI，CDM事業の適格性（eligibility）が主要な争点であった．このうち，補完性と適格性の議論については，基本的にボン合意で解決された．

(1) 補完性

京都議定書第6，17条の規定等により，京都メカニズムの利用は温室効果ガスの抑制削減目標の達成において「国内対策に対して補完的であること」とされている．すなわち，気候変動問題の対策の中心はあくまで国内による削減策が中心となるべきであり，京都メカニズムなどの国際的諸制度はそれを補完するものでしかないと定められている．

補完性の争点は，具体的には，補完的とは一体何なのか，定量的なものであるのか定性的なものにすぎないのかにあった．京都メカニズムの利用に制限がかからなければ，国内対策による排出削減が十分に行われなかったとしても，数値のうえで約束目標を達成することができる．そのため，この補完性に関する論点は，京都メカニズムに関する論点のなかでもっとも重要なものであった．議論の焦点は，京都メカニズムの利用をどのように制限するか，またどれだけ制限するかである．制限方法については，EUが定量的な制限を主張したのに対し，アンブレラグループは定性的な制限すら認めない主張を行い，激しく意見が対立した．

COP6議長提案では，補完性については，メカニズムの利用にあたって定

量的な上限を設けず,「主として 1990 年以降の国内対策を通じて排出削減の約束を満たすものとする」にとどまる提案となっていた. 最終的に決定されたボン合意でも,「国内での対策に対して補完的であり (shall be supplemental), 国内での対策が各国の努力の主要な (significant) 要素であるべき」との記述となった. すなわち, 京都メカニズムの利用の制限はあくまで定性的なものになり, 定量的な制限は課されなかった. この点は温室効果ガスの排出削減という観点からすれば不十分な規定となってしまったといってよいだろう.

(2) 適格性

CDM は, 京都議定書第 12 条で規定された非附属書 I 締約国の持続可能な発展を助けるために, 附属書 I 締約国と非附属書 I 締約国の間で行う事業のことで, これによって CER が得られる. CDM をめぐっては, とくに事業の適格性が大きな対立点であった.「適格性」の論点は, 主に吸収源（植林など）による事業と原子力関連事業を CDM の対象として適格であるかどうかというものである.

ボン合意では, 吸収源については, 第 1 約束期間については, 植林・再植林・林業について適格とし, 第 2 約束期間以降の吸収源の取扱いについては第 2 約束期間に関する交渉事項とするとされた. 原子力については,「原子力施設により発生した CERs を使用することを差し控えるべきであることを承認する」と規定し, 事実上, 原子力の利用は排除された. また, 同様に JI においても, 原子力の利用は同じ規定が書き加えられ, 排出削減クレジットを得る目的のための原子力関連施設の利用は不可能になった.

8. COP7 とマラケシュ・アコード

(1) COP7 の概要

COP6 再開会合では, 会期第 1 週目において主要論点についての政治合意が取り交わされた後, 第 2 週目にはこの合意を法的文書とし締約国会議の

決定案とする作業がなされる予定であった．しかしながら，ロシアの吸収源に関する問題などで，交渉は再び混乱に陥り，途上国をめぐる論点以外決定案が作成できず，作業はCOP7に持ち越された．また，遵守手続きや京都メカニズムの具体的な運用ルールについては，日本を含むアンブレラグループが反対したため，交渉が継続されることとなってしまった．

　2001年11月にモロッコ・マラケシュで開催されたCOP7では，COP6再開会合で取り決められたボン合意に基づき，これらの論点について具体的な法的文書を作成することが交渉の課題だった．具体的には，残された遵守，京都メカニズム，ロシアの吸収源等である．

　このうち，遵守問題は，京都議定書の規定に違反した場合にとられる手続きや措置を採択しようとするものである．日本は，カナダ，オーストラリア，ロシアとともに，排出量などの報告の義務に反した場合に何らかの措置を課すことに反対したり，違反が問題とされた場合にそれに関する情報の公開を制限しようとするロシアを支持したりするなど，一貫して違反に対する措置が弱められるような交渉態度をとった．会議中盤で遵守手続きについて合意されてからは，交渉の焦点は遵守規定の合意を京都メカニズムの参加要件にするかどうかという問題に移った．この点に関して日本政府代表団はCOP6再開会合に続いて再び非常に激しく抵抗し，合意案から削除するよう強く主張した．このことは，遵守手続きの受け入れを京都メカニズム参加の要件とするとしているボン合意と明らかに相反していた．ボン合意が，国際交渉の末に各国の利害の微妙なバランスをとりながら結ばれ，COP7がこの合意に基づいて行われたものであることからすると，この内容を日本一国の都合で変更しようとすることは交渉を破壊する意図を持っているのではないかととられても当然であった．こうして，COP7は，合意できるかできないかの瀬戸際まで追い詰められた．

　結局，COP7の交渉では，京都メカニズムへの参加要件に，法的拘束力のある遵守手続きの合意を含めないという日本の要求がとおる形で合意が形成された．この内容を含むCOP7での主な決定は，マラケシュ・アコード

(FCCC/CP/2001/13/Add.1 〜 Add.3) としてまとめられている．こうして，COP7において京都メカニズムの参加要件がややゆるめられることとなったが，議定書の抑制削減目標の法的拘束力は当然維持されており，今後残る吸収源に関する論点を除き，京都議定書をめぐる詳細運用ルールは整備されたといえるだろう．次項では，実際の温暖化対策にとって重要な意味を持つ京都メカニズムの運用ルールについて述べる[6]．

(2) マラケシュ・アコードにおける京都メカニズムの運用ルール

マラケシュ・アコードにおいては，CDMの事業について，いくつかの新しい制度が取り入れられた．

まず第1に，各種のプロジェクトの登録手続きについてである．CDM事業参加者は，事業を行うにあたって，指定運営機関（designated operational entity）を通してCDM理事会に対して登録申請を行い，事業の有効化（validation）と登録（registration）の手続きを踏まなければならなくなった．この過程で，CDM事業参加者は，プロジェクト設計文書（project design document）を指定運営機関に提出し，審査を受ける．審査の過程では，事業計画が一般に公開され，締約国や利害関係者だけでなく，NGOからのコメントも受け付けることとなっており，そのコメントがどのような取扱いをうけたのかについても公表される．申請された事業は，指定運営機関によって審査され合格したものがCDM理事会にかけられ，そこで問題がなければCDM事業として登録がなされる．

次に，CERの発行に際しての手続きである．CDM事業参加者は，CERを得る前に，あらかじめ提出され審査を受けている事業内容報告書に含まれるモニタリング計画を実施し，その結果をモニタリング報告書にまとめて指定運営機関に提出する．指定運営機関はこのモニタリング報告書を一般に公開するとともに，必要な審査を行うこととされている．この審査結果は，検証報告書（verification report）としてまとめられ，これも一般に公開される．検証報告書はCDM理事会に送られ，その審査のなかで問題がなければ，CER

が発行される．

　CDM については，この手続きに関する規定のほかに，中小水力や風力・太陽光，省エネなどの小規模事業について，比較的簡便な手続きがとられることとなったことも重要である．また，CER の発行にあたって，自動的に収益分担金（share of proceeds）が徴収され，適応および管理のための費用に用いられることも定められた．

　JI については，事業を受け入れる国が京都メカニズムに参加するための要件を満たしているかどうかによって次の 2 種類に分かれる．すなわち，京都メカニズムへの参加要件を満たしていない場合，ホスト国自らが事業による削減量と吸収量を検証する．参加要件を満たしている場合は，第 6 条監督委員会による検証手続きを経る．前者の方法については，具体的な規定はほとんどない．

　後者については，第 6 条監督委員会と独立機関が重要な役割を果たす．具体的な手続きは以下のようなものである．

　まず第 6 条監督委員会が独立機関を指定する．事業参加者は，独立機関に対して事業内容報告書を提出する．独立機関は事業内容報告書および関連資料を 30 日間公表し，コメントを受ける．とくに異議がない限り，公表から 45 日間で決定が確定し，プロジェクトは検証（verification）される．ERU の発行にあたっては，事業参加者は独立機関に対して，モニタリング結果と削減量をレポートにまとめて提出し，一般に公表する．公表後 15 日以内に，独立機関は審査を確定する．とくに異議が申し立てられなければ，削減量（ERU 発行量）が確定する．

　このように，JI については，CDM に比べて格段に手続きが簡便であることが特徴である．事業ベースで削減量を獲得するという意味では似た性格をもつメカニズムの間で，手続き上大きな格差があることは今後大きな問題になる可能性がある．CDM は，JI よりも手続きが厳密に実行されることとなったことは一面で評価できるものの，そのことが JI に比べて CDM 事業の実施を妨げる結果になる側面をもっているからである．CDM 事業が，排出削

減目標を持たない国との間の事業であるというそもそもの問題点はあるが，途上国への資金・技術移転メカニズムとして積極的な意味を持つこともありうる．JI 手続きを CDM 手続きなみに厳密にするなどして，CDM が不利にならないように改善すべきだろう．

　ET の運用ルールについての争点は，以下の 2 点であった．

　第 1 に，ロシアやウクライナなど旧ソ連・東欧諸国に大量に発生するホットエアーの取引量への制限に関するものである．これらの諸国は，1990 年よりも実際の排出量が大幅に下がっているため，自国で対策をとらなくても，大量の排出削減クレジットが存在する．これが排出量取引によって日本などに無制限に移転されれば，日本はほとんど対策をとらなくても排出削減目標を達成することが可能となり，温暖化防止の観点から問題が大きい．こうした取引に一定の制限を設けるべきか，設けないでおくべきかが争点であったが，マラケシュ・アコードにおいては，事実上，制限は設けられなかった．このことにより，第 1 約束期間の終了間際に約束が達成できなくなるとわかった場合，排出量取引によって削減クレジットを調達することで目標を達成することも可能となった．

　第 2 に，旧ソ連・東欧諸国の排出削減クレジットの売りすぎによる不遵守の防止についての論点である．これは，旧ソ連・東欧諸国が排出量を他国に対して大量に売りすぎたことにより，自国の排出削減量が不足してしまい，議定書の約束が果たせなくなるのではないかという問題である．マラケシュ・アコードにおいては，排出量取引において，各国の割当量の 90 ％か，直近の排出量の 5 倍のいずれか少ない方を保有すること（第 1 約束期間リザーブ）が，クレジットを売るにあたっての条件と定められた．この規定により，旧ソ連・東欧諸国にとっては，直近の排出量は常に保有しなければならなくなったため，売りすぎによる不遵守は防止できる．

　また，これら 2 点に加えて，AAU, ERU, CER の互換性の論点が議定書第 7 条 4 項の割当量に関する論点としてあった．この論点については，とりわけ途上国が吸収源による削減単位について一定程度の制限を設けるべき

との主張をCOP7で行い，RMU（削減単位）という新たな単位の導入を主張した．交渉の結果，吸収源から生じる削減単位についてはRMUという名称が採用され，次期約束期間への持ち越しが禁止された．ERU，CERについては次期約束期間への持ち越しが割当量の2.5％までとされているが，削減目標を達成するにあたってERU，CERを優先的に利用していけば持ち越し制限の枠を超えることがないため，制限にはならないものと考えられる．

以上により，削減目標を達成するにあたって，AAU，ERU，CER，RMUの各種単位で互換性はあり，各国が約束期間リザーブを保有している限り，各国間で各単位がまったく制限されることなく同じように移動することが可能となったといえるだろう．このことによって，国際的な排出量取引の枠組みができあがったと評価できる．各単位がどの国から発生し，どのように移動したのか等について，一般市民もアクセス可能なデータベースがインターネットを通じて公表されることとなっており，監視を適正に行う条件も整ったといえる．

　まとめ

1991年初頭から開始された気候変動交渉は，10余年の歳月を経て，COP7において大きな論点についてはほぼ合意がみられ，気候変動問題に対処するための国際的制度が整備された．これまでみてきたように，国際交渉がマラケシュ・アコードに結実するまでさまざまな危機が訪れた．とくに2000年から2001年にかけては，合意に至ることがほぼ不可能ではないかという深刻な局面もあったが，最終的に一定の合意を形成できたことは，国際社会が温暖化防止に向けて健全な判断を下せたことの証である．京都議定書とマラケシュ・アコードは，内容的には，単にエネルギーの利用のあり方にはとどまらず，経済社会全体を規定するものとなる．1990年代，21世紀初頭に積み上げられてきた国際交渉は，以後の経済発展のあり方を根本から規定することとなるだろう．

もちろん，これらの交渉によって得られた合意は，重要なもののほとんどが先進工業国における排出削減に関するものである．したがって，中国やインドなどの人口大国，エネルギー消費大国はこの規制の枠組みに入っているわけではない．第2約束期間で若干の国々が枠組みに参加するかもしれないが，途上国が温室効果ガス排出削減の枠組みに本格的に入ってくるのは，現在のところ，第3約束期間（2018〜22年）以後ではないかと考えられている．

その意味では，気候変動交渉はまだ終わったわけではなく，むしろ始まりの第一歩といえるかもしれない．今後，途上国を含めた国際社会が全体として枠組みを構築していくことができるかは，人類史にとって大きな意味を持つことは疑いがない．ただし，そのためには，まず第一歩である京都議定書の削減目標が確実に守られることが条件である．先進国ですら対策が現実にとられることがないならば，途上国が進んで対策をとることはない．日本を含む先進国の課題は，今後は，京都議定書に定められた削減目標を確実に守り，実施していくことである．

EUにおいては，すでに環境税が現実に実施され，イギリスのように排出権取引と組み合わせた枠組みを導入している国もでてきた．現にスウェーデンでは，1990〜2000年の10年間で3.9％の排出削減が実現している．それに比べて，日本国内においてはいまだに国内的な政策と措置の枠組みが確立しておらず，EU諸国に比べて対応が決定的に遅れている．温室効果ガスを実際に削減していくためには，発電所や交通システム，工場，建物など大規模固定資本への投資を含む長期の取り組みが必要である．第1約束期間（2008〜12年）が数年先に迫っていることからすれば，残された時間はほとんどないといってよい．国際制度の成立を受け，地球環境保全のための経済的システムを現実に確立するための取り組みが，21世紀初頭のここ数年に集中して実施されなければならなくなっている．

注

1) 気候変動枠組み条約の締約国が意志決定する会議を Conference of the Parties (COP と略称される),締約国会議という.京都議定書の締約国が意志決定する会議を meeting of the Parties (moP もしくは MOP と略称される),締約国会合という.MOP として開かれる COP のことを COP/MOP という.
2) 地球環境と大気汚染を考える全国市民会議 (CASA)『プロンク議長ノートの分析』2001 年 1 月 31 日,34 ページ.http://www.netplus.ne.jp/~casa/paper/PronkPapaer-Analysis.PDF を参照.
3) 橋本征二「気候変動における森林等吸収源に関する諸提案の理論的検討」『環境と公害』第 30 巻 4 号.
4) 同上.
5) Stephan Singer, "What broke the COP6i deal?", *Hot Spot*, December 2000 に US-UK deal の経緯についての解説がある.
6) マラケシュ・アコードの詳細な内容については,地球環境と大気汚染を考える全国市民会議 (CASA)『京都議定書の運用ルール―ボン合意・マラケシュ合意の分析 (最終報告)』2002 年 3 月 (http://www.netplus.ne.jp/~casa/MA-ANALYSIS-CASA.PDF) を参照されたい.

執筆者略歴 (執筆順)

岩﨑徹也 (いわさき・てつや)
1953年生まれ．筑波大学大学院博士課程社会科学研究科必要単位修了．
現在，信州大学経済学部教授（世界経済論，産業経済論）．
主な業績：『開発と石油の政治経済学―サウジアラビアと国際石油市場』（学文社，1989年），『戦後日本産業史』（共著，東洋経済新報社，1995年）ほか．

山田健治 (やまだ・けんじ)
1943年生まれ．名古屋市立大学大学院経済学研究科修士課程修了（経済学博士）．
現在，椙山女学園大学生活科学部教授（国際経済論）．
主な業績：『資源開発と地域協力』（成文堂，1991年），『国際石油開発と環境問題』（成文堂，1997年）ほか．

則長　満 (のりなが・みつる)
1955年生まれ．神戸大学大学院経済学研究科博士課程修了．
現在，追手門学院大学経済学部専任講師（外国経済史）．
主な業績：『覇権と石油』（オイル・リポート社，1994年）ほか．

張　文青 (ちょう・ぶんせい)
1969年生まれ．立命館大学国際関係研究科国際関係学修士学位取得．
現在，立命館大学国際関係学部常勤講師（中国経済，中国の資源環境論・環境・エネルギー政策）．
主な業績：「中国の環境対策と日中間技術移転」『立命館大学国際研究』第13巻第2号（2000年12月），「転換する中国のエネルギー構造政策」『立命館大学国際研究』第14巻第4号（2002年3月）ほか．

小山　修 (こやま・おさむ)
1954年生まれ．東京大学教養学部教養学科卒業．
現在，国際農林水産業研究センター国際情報部国際研究情報官（国際食料需給）．
主な業績：『農産物中期展望―2000年予測』（FAO，1994年），『世界は飢えるか』（共著，農文協，1995年）ほか．

丸岡律子 (まるおか・りつこ)
1957年生まれ．京都大学大学院農学研究科博士後期課程修了．
現在，立命館大学国際関係学部助教授（応用社会統計学，食料経済学）．
主な業績：『フィールドワークの新技法』（共著，日本評論社，2000年），『クリティーク国際関係学』（共著，東信堂，2001年）ほか．

松原豊彦 (まつばら・とよひこ)
1955年生まれ．京都大学大学院経済学研究科博士課程単位取得満期退学，博士（経済学）．
現在，立命館大学経済学部教授（食糧経済論）．
主な業績：『カナダ農業とアグリビジネス』（法律文化社，1996年），「西部カナダの穀物鉄道輸送」『カナダ研究年報』第20号（日本カナダ学会，2000年）ほか．

及川正博（おいかわ・まさひろ）
1943 年生まれ．ロスアンゼルス・ロヨラ大学（現在ロヨラ・メリーマウント大学）大学院英米文学研究科修士課程修了．
現在，立命館大学国際関係学部教授（アメリカ文学，環境文学，アメリカ文化・社会論）．
主な業績：『国際化と異文化理解』（共著，法律文化社，1990 年），『アメリカ作家とヨーロッパ』（共著，英宝社，1996 年）ほか．

デビット・ピーティー（David Peaty）
1950 年生まれ．テンプル大学大学院教育学研究科修士課程修了．
現在，立命館大学文学部教授（英語教育法，環境教育）．
主な業績：*Global Perspectives* (Tokyo: Kinseido, 1996), *Issues of Global Concern* (Tokyo: Kinseido, 2002) ほか．

大島堅一（おおしま・けんいち）
1967 年生まれ．一橋大学大学院経済学研究科博士課程単位取得．
現在，立命館大学国際関係学部助教授（エネルギー・環境政策論，環境経済学）．
主な業績：『アジア環境白書 2000/01』（共著，東洋経済新報社，2000 年），『2010 年地球温暖化防止シナリオ』（共著，実教出版，2000 年）ほか．

編著者略歴

唐沢　敬（からさわ・けい）
1935年生まれ．明治大学政治経済学部経済学科卒業（経済学博士）．
現在，東京国際大学教授，立命館大学名誉教授（世界経済論，資源環境経済論）．
主な業績：『資源環境と成長の経済学』（中央経済社，1995年），
　　　　　『アジア経済　危機と発展の構図』（朝日新聞社，1999年）ほか．

越境する資源環境問題

2002年7月15日　第1刷発行

定価（本体2500円＋税）

編　著　者　　唐　沢　　　敬
発　行　者　　栗　原　哲　也
発　行　所　　㈱日本経済評論社
〒101-0051　東京都千代田区神田神保町3-2
電話03-3230-1661　FAX 03-3265-2993
http://www.nikkeihyo.co.jp
振替00130-3-157198

装丁：板谷成雄
版下：ワニプラン　印刷：平河工業社　製本：根本製本

乱丁本・落丁本はお取替えいたします．　　Printed in Japan
© K. Karasawa, 2002
ISBN 4-8188-1430-X

■
本書の全部または一部を無断で複写複製（コピー）することは，著作権法上での例外を除き，禁じられています．本書からの複写を希望される場合は，小社にご連絡ください．

飽食のエネルギー 現代文明の落とし穴	田中紀夫 著	1900円
増補 国際石油産業 中東石油の市場と価格	浜渦哲雄 著	2800円
環境政策の経済分析	呉 錫畢 著	3000円
草の根環境主義 アメリカの新しい萌芽	M.ダウィ 著 戸田清 訳	4400円
環境外交 国家エゴを超えて	L.サスカインド 著 吉岡庸光 訳	3000円
アメリカのアグリフードビジネス 現代穀物産業の構造分析	磯田 宏 著	4500円
緑の革命とその暴力	V.シヴァ 著 浜谷喜美子 訳	2800円
グローバルな市民社会に向かって	M.ウォルツァー 編 越智敏夫ほか訳	2900円
市民と新しい経済学 環境・コミュニティ	福士正博 著	4200円
21世紀の経済システム展望	J.ロバートソン 著 石見・森田 訳	1200円

表示価格は本体価格（税別）です

日本経済評論社